电器产品设计与制作基础

康瑛石　沈小丽　吴冬俊　著

U0377441

人民邮电出版社

北　京

图书在版编目（CIP）数据

电器产品设计与制作基础 / 康瑛石，沈小丽，吴冬
俊著. -- 北京：人民邮电出版社，2014.12
　ISBN 978-7-115-38130-9

　Ⅰ. ①电… Ⅱ. ①康… ②沈… ③吴… Ⅲ. ①日用电
气器具－产品设计－基本知识②日用电气器具－制作－基
本知识 Ⅳ. ①TM925

　中国版本图书馆CIP数据核字(2014)第298070号

内 容 简 介

　　本书是根据普通高等学校"工业设计类课程教学基本要求"，结合全国众多工科院校近年来在技术应用型人才培养方面的教学改革实践经验编写而成的。

　　本书在编写时贯彻了强化基础知识、基本理论、基本方法和实际工程实践知识的精神，突出学生关于电器产品设计知识应用能力及设计能力的培养，注重发挥学生分析现有电器产品的基本思路。内容选取上坚持少而精的原则，简化乃至略去了一些较深的理论阐述，增强了电器产品分析和实际电器产品的设计技术和方法，并适度扩展相关知识，较好地体现了应用性特色。本书贯彻了新的国家标准和技术规范。

　　全书内容主要包括电风扇设计与制作基础、电熨斗设计与制作基础、灯具设计与制作基础、豆浆机设计与制作基础、电饭煲设计与制作基础、电取暖器设计与制作基础、洗衣机设计与制作基础、电冰箱设计与制作基础。全书共8章。内容从工业设计初学者的角度出发，着重介绍相关常用家用电器产品的历史发展和文化元素，详细地介绍各个产品的基本工作原理和基本结构，特别注意介绍相关产品的主要性能和技术指标，重点分析国内外较好的电器产品品牌设计案例，同时对相关产品采用的材料与加工工艺等进行较详细的分析，对各个产品的外观造型特点从美学角度进行了必要的分析。每款产品都附加了 Rhino 软件的设计实训内容，供学生和初学设计者练习参考。各章附有思考与练习题。

　　本书可作为普通高等院校工业设计专业、近机类、非机类各专业电器产品设计与制作有关的课程参考书，也可作为高等职业学校、高等专科学校、成人高校相关专业课程教材，还可供有关工程技术人员参考。

◆ 著　　　　康瑛石　　沈小丽　　吴冬俊
　　责任编辑　胡晓女
　　责任印制　程彦红

◆ 人民邮电出版社出版发行　　北京市丰台区成寿寺路 11 号
　　邮编　100164　电子邮件　315@ptpress.com.cn
　　网址　http://www.ptpress.com.cn
　　北京天宇星印刷厂印刷

◆ 开本：787×1092　1/16
　　印张：15.5　　　　　　　　2014 年 12 月第 1 版
　　字数：300 千字　　　　　　2014 年 12 月北京第 1 次印刷

定价：48.00 元
读者服务热线：(010)81055488　印装质量热线：(010)81055316
反盗版热线：(010)81055315

前　言

工业设计在我国属于一个相对年轻和新型的专业，它集科学技术和艺术设计为一体。作者始终认为：该专业应当把工程技术知识培养和艺术素质塑造融合为一体。

随着社会进步和人类文明程度的提高，工业设计参与实际生产过程和引导人们生活的作用愈加明显。近几年，国内已有较多高校认识到工业设计人才的培养不能仅局限于产品绘画与艺术设计。工业设计的产品是用现代工业方法制造的，是批量和大批量生产的，因此，需要该专业的学生掌握较多的涉及工程技术方面的基本知识与基础，学生需要掌握的工程技术知识面是宽而广的。在实际产品设计中需要有触类旁通的能力，因此，本课程整合了在电器产品设计与制造过程中的相关知识，经过多轮的教学实践，学生普遍反映较好。

"电器产品设计与制作基础"课程是高等学校工业设计专业的一门核心课程，也是工科近机类、非机类专业一门重要的专业选修课程，为了使学生与初学者了解与掌握电器产品的基本工作原理和必需的基本知识，拓宽设计人员的知识面，增强对工业设计实际工作的适应性，本书较集中地体现了理论与实践的综合性和整合性，在培养学生的创新意识和设计能力方面起着重要的作用。

近机类、非机类各专业对电器产品的设计与制作基础基本要求可以概括为：通过该课程的学习，认识和了解电器产品的基本组成与结构、机械和电气系统的功能和工作原理，了解常用电器产品设计的基本内容、基本要求和基本方法。通过电器产品的实际设计实训，达到能设计简单电器产品和电器产品结构及外观造型的目的。

为适应新历史条件下培养高素质、创新型、应用型人才的需要，我们在编写本书时，从工业设计专业的角度出发，按照电器产品实际设计的总体要求和培养学生学习电器产品设计与制作的基本素质和能力，注意到取材的新颖性、市场性、先进性、实用性，适度拓宽知识面，对课程体系和内容进行了一定的改革和整合。本书具有以下主要特色。

（1）立足于工业设计专业角度，从电器产品系统设计的观点出发，实现电气工作原理、电器产品设计与制作两部分内容有机融合，达到作为工业设计师应该具备的知识整合。

（2）以培养应用型人才为目标，以设计思想、设计理论、设计分析和设计方法为主线，精选典型电器产品，典型案例采用了国内外具有一定知名度品牌的电器产品，兼顾市场化原则，选用了国内制造业发达地区比较优秀的产品进行设计分析，教学坚持理论联系实际。

（3）注意培养学生在设计过程中的创造性思维能力，强调设计的多方案性和设计优化思想观点，特别注意在方案设计、结构设计中创新能力与创新思维意识的培养。

（4）以电器产品重要零部件的设计分析、产品机构设计、产品外观造型以及美学设计等内容为核心，加强电器产品设计与制作的整体系统方案设计能力的培养。

本书主要作者为康瑛石、沈小丽、吴冬俊。由康瑛石统稿。

参与本书写作的还有：高晨晖、单美凤、侯冠华、白石、郭格、李雄、谭元英等。

本书在编写过程中得到浙江省教育厅、宁波市教育局和作者所在单位及有关领导的关心和支持，得到人民邮电出版社的领导和本书责任编辑的大力帮助，还得到了国内及宁波市相关产品制造企业的大力支持和帮助。

由于作者水平所限，书中难免存在缺点和错漏，热忱欢迎同仁和读者批评指正，谨先表谢意。

目 录

01

第 1 章

电风扇设计与制作基础

电器产品设计与制作基础

1.1　电风扇概述

1.1.1　电风扇定义

电风扇简称电扇，是一种用电动力来驱动风扇叶旋转，借此达到空气加速流通的家用电器，主要用于清凉解暑和流通空气。电风扇能使人感到凉爽的主要原理是，电动机驱动风扇叶旋转，加速人体周围的空气流通，人体从皮肤毛孔蒸发水分的速度加快，水分蒸发过程中会带走皮肤表面的热量，因此，人体会感到凉爽。

1.1.2　电风扇的历史、发展和现状

较早的机械风扇起源于 1830 年，美国人詹姆斯·拜伦从钟表的结构中受到启发，发明了一种可以固定在天花板上、用发条驱动的机械风扇。这种风扇转动扇叶带来的徐徐凉风使人感到欣喜，但需要经常爬上梯子去上发条，比较麻烦。1872 年，法国人约瑟夫研制出一种靠发条涡轮启动、用齿轮链条装置传动的机械风扇，它比拜伦发明的机械风扇精致很多，使用也更加方便。1880 年，美国人舒乐首次将扇叶直接装在电动机上，再接上电源，扇叶飞速转动，阵阵凉风扑面而来，这便是世界上第一台电风扇。图 1-1 和图 1-2 分别是早期的电风扇和当今的电风扇。

图 1-1　早期的电风扇

图 1-2　当今的电风扇

中国的第一台电风扇生产于 1916 年，生产者杨济川在上海四川路横浜桥开办生产变压器的工厂，以"中华民族更生"之意，取名为"华生电器制造厂"。1925 年，华生电风扇正式投产，"华生"很快便成为著名品牌。

如今的电风扇一改人们印象中的传统形象，在外观和功能上更追求个性化设计，采用微机控制。自然风、睡眠风、负离子功能等这些本属于空调器的功能，也被许多电风扇厂家采用，有些厂家还增加了照明、驱蚊、紫外线杀菌等更多的实用性功能，既彰显了个性，也在无形中提高了产品本身的档次。如今，在追求个性时尚以及精致化的时代，消费者对小巧可爱的家电产品更加情有独钟，外形可爱、颜色亮丽、体积小巧的转页扇及各种便携式电风扇便应运而生。这些电风扇的外壳和扇页大多以塑料为材料，整体上极其轻巧，加上亮丽的色彩和外观，一经推出便十分走俏。这些外观不拘一格并且功能多样的产品，预示了整个电风扇行业的发展趋势。

1.2　电风扇的分类、工作原理和结构

1.2.1　电风扇的分类

电风扇的种类很多，分类方法也不相同，常用的分类方法有 4 种。

（1）按照功能的多少与应用电子技术、微电脑技术的程度，可分为普通电风扇与高档电风扇两大类。

（2）按照使用的电源，可分为交流电风扇、直流电风扇与交直流电风扇三大类。家庭一般使用单相交流电风扇，车辆、船舶上一般使用直流电风扇或交直流电风扇。

（3）按照电动机形式分类，可分为单相交流罩极式、单相交流电容式与串激式（直流或交直流两用）。单相交流电容式电动机的启动性能、运行性能都比较好，应用最广泛。

（4）按用途分类，可分为家用电风扇和工业类排风扇。家用电风扇主要有吊扇、台扇、落地扇、壁扇、顶扇、换气扇、转页扇、空调扇（即冷风扇）等；台扇中又有摇头的和不摇头之分；落地扇中有摇头或转页扇。落地扇如图 1-3 所示，转页扇如图 1-4 所示。工业用排风扇主要用于强迫空气对流。需要注意的是，电风扇用久以后，扇叶的下面很容易沾上灰尘，应及时清扫和处理。工业电风扇如图 1-5 所示。

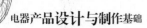

图 1-3 落地扇

图 1-4 转页扇

图 1-5 工业电风扇

1.2.2 电风扇的工作原理

电风扇的主要部件是电动机,其工作原理是通电线圈在磁场中受力而转动。能量的转化形式是由电能主要转化为机械能,同时由于线圈有电阻,所以有一部分电能不可避免地要转化为热能。

电风扇工作时,如果房间与外界没有热传递,室内的温度不仅不会降低,反而会升高。下面分析一下温度升高的原因:电风扇工作时,因电流通过电风扇的线圈,同时导线有电阻,所以会产生热量向外放热,导致温度升高。人们为什么会感觉到凉爽呢?因为人体的体表有大量的汗液,当电风扇工作后,室内的空气会流动起来,能够促进汗液的加快蒸发,汗液蒸发需要吸收大量的热,因此会感觉到凉爽。电风扇的电路示意如图 1-6 所示。

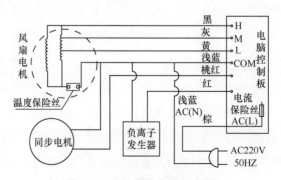

图 1-6 电风扇的电路示意图

1.2.3　电风扇变速原理

目前，家用电风扇大部分是通过改变绕组匝数，达到改变磁场强度以实现调速。绕组上有多个抽头，每个抽头对应一个挡位，末端接电源一侧。吊扇大多使用电子调速，通过PWM（脉冲宽度调制）和MOS（绝缘性场效应管）的配合实现调速。有些摇头式吊顶风扇，也有用电容器调速的。总之，抽头方式的调速效率最高，应当最大可能地应用；如果距离比较远的话，电子调速是目前最理想的方式；速度调控无限制，各类电风扇均适用。

1.2.4　电风扇的结构

电风扇的基本机构包括扇头、扇叶、电动机、底座、控制部分、网罩等。如图 1-7 所示。

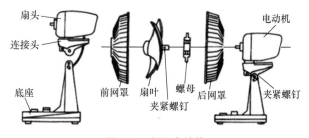

图 1-7　电风扇结构

电风扇扇头由单相交流电动机、摇头机构、前后端盖等组成。具体结构如图 1-8 所示。

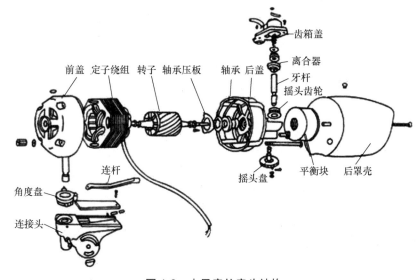

图 1-8　电风扇的扇头结构

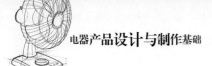

电风扇电动机由定子、转子、轴承和端盖等组成。具体结构如图1-9所示。

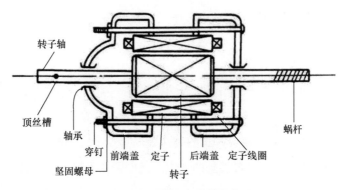

图1-9　电风扇的电动机示意图

电风扇摇头机构由减速器、连杆机构、控制机构、保护装置等组成。具体结构如图1-10所示。

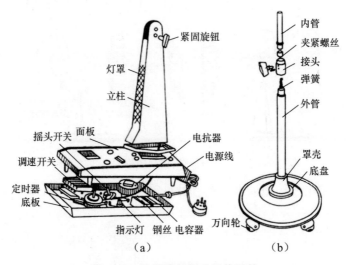

图1-10　电风扇的摇头机构组件

电风扇控制部分由调速开关、互锁、自锁、联动、定时器开关等组成。其中定时器开关的结构如图1-11所示。

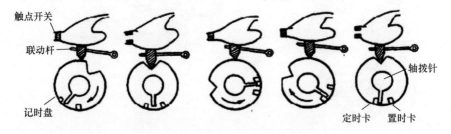

图1-11　电风扇的定时器开关结构

电风扇其他主要结构还有扇叶，扇叶由叶片、叶架、叶片罩、底座（包括底盘和升降机构）等。

1.3　电风扇主要技术指标和性能参数

1.3.1　电风扇的主要技术指标

电风扇作为夏天里常用的一种家用电器，其安全性能在使用过程中显得尤为关键，国家对此做出了严格的规定。在 GB4706.1《家用和类似用途电器的安全 第 1 部分：通用要求》、GB4706.27《家用和类似用途电器的安全 第 2 部分：电风扇的特殊要求》、GB4343《家用电器电动工具和类似器具的电磁兼容要求 第 1 部分：发射》和 GB17625.1《电磁兼容 限值 谐波电流发射限值（设备每相输入电流 ≤ 16 A）》中规定了电风扇的一些主要性能指标。

1．输出风量

输出风量是指电风扇在额定电压、额定频率与最高转速挡运转的条件下，每分钟输出的最小风量，单位是 m/min。

2．使用值

使用值是电风扇在额定电压、额定频率与最高转速挡运转条件下，每分钟每瓦输出的最小风量。它是电风扇在额定条件下全速运转时输出风量与输入功率的比值，单位为 $m^3/(min \cdot W)$。电风扇的使用值越大，说明它把电能转变成风能的转换率就越高。

输出风量和使用值是反映电风扇使用性能的两个最主要的指标。输出风量和使用值均与电风扇转速、扇叶规格、形状、扭角等有关系，测量输出风量必须在专门的测风室进行。

3．启动性能

电风扇在额定电压、额定频率的条件下，应启动灵敏，在 3 ～ 5 s 内达到全速运转，且运转平稳，风压均匀。

4．调速比

电风扇的调速比是指当在额定电压、额定频率的情况下运转时，最低挡转速与最高挡转速的比值，用百分数来表示。

$$调速比 = \frac{最低挡转速}{最高挡转速} \times 100\%$$

调速比反映了电风扇高、低挡转速差别的程度。如果调速比过大，说明高、低挡转速没有明显差别，失去调速意义。如果调速比过小，说明低挡转速太低，会造成低挡启动困难。

国家相关标准规定：250 mm 电容式台扇、壁扇的调速比不应小于 80%，电容式吊扇的调速比不应大于 50%。

5．温升

温升指电风扇在额定电压、额定频率的条件下运转，各部位允许的最高温度与环境温度（规定取 40℃）的差值。

6．摇头机构

要求在电风扇摇头时，风向变动稳定，无卡阻或震颤现象。扇叶旋转直径为 300 mm以上台扇、落地扇、台地扇的摇头角度大于或等于 80°；壁扇大于或等于 40°。在最高挡位运转时，摇头频率大于或等于 4 次 / 分钟。

7．俯仰角

电风扇的俯仰角是指上仰和下俯的角度。台扇、台地扇、落地扇的仰角应当大于或等于 20°，俯角应当大于或等于 15°，且当俯角最大并作摇头运转时，后网罩不能与机座相碰。

8．噪声

电风扇的噪声来源于电动机扇叶和机械传动部分，噪声的大小直接影响风扇的使用效果。合格的电风扇允许噪声应在 60 dB 以下。

9．使用寿命

国家标准规定，电风扇在正常条件下，经过 5 000 h 连续运转后，应能运转。电风扇的摇头机构经 2 000 次操作，扇头轴向定位装置经 250 次操作，仰俯角或高度调节装置及螺旋紧固件经 500 次操作后，均不得损坏零件或调节失灵。

1.3.2　电风扇的主要性能参数

电风扇的性能参数包括很多，这里着重介绍绝缘性能、电气强度、漏电流、稳定温升、启动性能、输入总功率。

1．绝缘性能

电风扇在高温 [（40±2）℃]、高湿度（93%）状态下，绕组对机壳的绝缘电阻应大于或等于 2 MΩ，有加强绝缘的带电部件对地的绝缘电阻应大于或等于 2 MΩ。测绝缘电阻可采用兆欧表。具体方法是，在电风扇断电的情况下，由兆欧表的"电路"和"接地"两个接线柱上分别引出两根线至受测部位，然后以 120 r/min 的速度平稳地摇动手柄约 1min，待指针稳定后，便可读出兆欧表指示的绝缘电阻数值。

2．电气强度

电风扇长期工作时，不仅要承受额定工作电压的作用，还可能会承受过电压作用。当电压达到一定值，就会使绝缘击穿。因此，电气强度试验又被称为耐压试验。为了保证电风扇使用安全可靠，其带电部件与外壳之间的绝缘应能承受 50 Hz 的正弦交流电压历时 1 min 而无击穿现象。

3．漏电流

在一定电压条件下，由电器的导电部分通过绝缘到地线或非带电外壳间的泄漏电流称为漏电流。电风扇在 1.1 倍额定电压下且稳定温升时，外壳与电源间的泄漏电流应小于或等于 0.25 mA。

4．稳定温升

通过测量电动机绕组、电抗器绕组的温升或温度，可判断电风扇能否可靠工作。

5．启动性能

在额定频率下，电风扇处于最低转速挡运转状态，台扇的电动机轴呈水平，且在摇头范围内任一点，加 85% 的额定电压，应能由静止状态顺利启动。

6．输入总功率

输入总功率是指电风扇驱动电动机及其所有可拆开的电器件，在额定电压和正常工作温度下的输入功率的总和。测输入总功率时，应保证电风扇在额定条件、正常温度下工作，所有可拆开的用电器件均处于工作状态；台扇类电风扇的电动机轴应呈水平，且在摇头状态，并在最高转速下运行 30 min 后测试。

1.4 电风扇主要材料和加工工艺

1.4.1 电风扇外壳

电风扇外壳一般由塑料和金属材料构成。电风扇的传动机构和固定件的材料一般有塑料、橡胶、金属 3 种。电风扇的零部件很多，每一种部件，如电机、电抗器、定时器以及各种开关元件的组成材料种类很多。

前、后网罩是用钢丝制成，一般评判其好与不好的标准是网罩的钢丝粗细程度，越粗越好，不易变形，小孩的手也不容易伸进去。一般网罩分前后两部分，后罩用直径 1.0～1.5 mm 的钢丝定位在 2 mm×5 mm 左右的扁钢上，制成带有骨架的辐射或螺旋形，借助螺钉或锁紧螺母紧固在扇头前端盖上。前网罩用同样的材料制成辐射状，它靠扣夹夹固在后网罩上。网罩的外表面经镀铬或喷塑处理，增加美观并能防止生锈。前网罩的中心一般都装有装饰圈。

1.4.2　电风扇扇叶

轴流风扇的扇叶数目往往是奇数，这是因为采用偶数片形状对称的扇叶时，如果没有调整好平衡，很容易使系统发生共振，加上扇叶片材质无法抵抗振动产生的疲劳，就会使扇叶或心轴发生断裂，因此多设计成轴心不对称的奇数片扇叶。这一原则也普遍应用于部分直升机螺旋桨等的扇叶设计中。

扇叶一般采用 PP（聚丙烯）材料，也就是我们常说的再生塑料，成本较低；还有一种是 AS（苯乙烯—丙烯腈共聚物）材料，也就是工程塑料，相对来是说成本会高些，但是质量会好很多。现在多数电风扇的扇叶片采用工程塑料注塑成型。

1.4.3　电风扇底盘

电风扇底盘性能要求是：耐磨，耐腐蚀，底座底面平整，消振性好，底座与支杆垂直，具有足够质量。底盘要耐磨、耐腐蚀性是因为电风扇底盘大多与地面直接接触，有时还有可能在恶劣环境中，如在一些机械厂就要求电风扇底座在潮湿、多油的环境下依然能保持主体性能。同时，还要求底盘底面平整，能与地面平稳接触，不产生晃动。在电风扇电动机工作时会产生振动，所以要求电风扇底盘、底座最好具有一定的消振性。底盘与支杆垂直是要求电风扇的底平面与支架垂直，以保证电风扇的机身与地面垂直。电风扇的底盘还要求具有足够质量，确保电风扇整体重心尽量靠下，在电风扇工作时确保平稳，不至于在工作时因风的反作用力使电风扇来回摇动而造成危险。落地扇的重心位置较高，为保持足够的稳定性，落地扇的底盘常采用铸铁制成。

1.5　典型产品设计

纵观当今电风扇市场，健康、人性和时尚是厂家吸引消费者眼球的三大"杀手锏"。

下面对市场上几款比较典型的电风扇设计进行分析。

1.5.1　美的电风扇设计

美的 FS40-8HR 电风扇外观设计比较时尚、华贵，采用晶亮的黑色设计，透明镶件配以时尚饰纹图案，材质坚实耐用，耐磨损，落地底盘结实，机体的稳定性较好，双环网罩，高强度设计，不会因磕碰而变形。

美的 FS40-8HR 电风扇采用 5 片机翼扇叶设计，遵循飞机螺旋桨的原理，送风柔和，全新的 8 字摇头设计，使送风范围更广，16 小时的预约定时功能，人性而方便；具有自然风、正常风和睡眠风，并有两挡睡眠风模式，配备有遥控器，可远距离操作，大显示屏实时显示功能，更加直观。具体如图 1-12、图 1-13 和图 1-14 所示。

图 1-12　美的 FS40-8HR 电风扇　　　图 1-13　美的 FS40-8HR 电风扇支架放大部分

风类智能编程　遥控控制　　　　风扇正面　　　　　　45度视角　　　　　　90度视角

图 1-14　美的 FS40-8HR 电风扇细节

1.5.2　无印良品电风扇设计

图 1-15 是一款可无线遥控的无印良品电风扇,可以通过遥控器调节电风扇的高度、转速、方向和频率。整体以塑料为主要材料,造型简约,尺寸比例匀称。电风扇的控制通过分配在 ON 和 OFF 开关的遥控器来实现,整体设计干净、整洁,是简约设计中的典范。

图 1-15　无印良品电风扇

1.5.3　无扇叶电风扇设计

JAMES DYSON 公司推出了一款无扇叶电风扇(Air Multiplior),又称作空气倍增器。这种无扇叶电风扇外形线条相当简约,下面是一个底座,上面是一个类似指环的大圆环,能产生强有力的凉爽空气,也比传统电风扇更加安全、静音,而且使用者不需要清理扇叶上积满的灰尘。如此时尚、美观的外形,作为一件漂亮的家居装饰品也非常不错。具体如图 1-16 所示。

无扇叶电风扇采用类似烘手机的原理,从圆柱形底座每秒吸入 27 L 的空气,将气流推向上方的气流引导环,而引导环上排列着许多 1.3 mm 宽的细缝可导出气流,这样的设计有效地将周边空气一起卷入这股气流中,每秒可吹出 405 L 的风量,是吸入空气的 15 倍。传统电风扇与无扇叶电风扇送风对比如图 1-17 所示。

*传统风扇送风方向和送风量随着扇叶转动而改变

*无叶风扇送风方向和送风量更加稳定且均匀

图 1-16　JAMES DYSON 无叶电风扇　　　图 1-17　传统电风扇与无扇叶电风扇送风对比

这样的产品在推出前，没有多少人会认为没有扇叶也能够吹风，这项创新启发了我们：只要勇于设想，主动尝试从不同的角度去思考，生活中有很多细节是可以不断得到优化和完善的。

1.6　电风扇设计实训

下面将比较细致地讲解一款电风扇的制作过程，虽然相对后面的实例有些简单，但基本建模的思路都已经用到，且产品的细节构造需要十分耐心才可以找到较便捷的方法。读者若能够理解其中的形体构造思路，后面逐渐复杂的设计案例就可以比较顺利地完成，并形成属于自己的多样化建模思路。

下面通过对电风扇的市场调研、设计要求与定位、模型建立过程等进行分析，让读者进一步了解如何着手设计一款电风扇。

1.6.1　市场调研

目前，国内市场上的电风扇品牌众多、风格各异，消费者在选择商品时主要依据的是功能需求、造型的式样、品牌的口碑及性价比。国内电风扇市场常见的品牌有美的、格力、艾美特、联创、先锋、新钻/富士宝、飞利浦、钻石、金羚、海尔等。

简约主义风格在现代产品设计中广泛运用。简约主义的特色是将设计的元素、色彩、原材料简化到最少的程度，但对色彩、材料的质感要求很高。因此，简约的设计通常非常含蓄，往往能达到以少胜多、以简胜繁的效果，这样更加符合当今社会人们生活节奏快、精神压力大的状态，使用户舒缓放松。

1.6.2　设计要求与设计定位

设计一款现代、大众风格的家用台式风扇。产品形态要现代、简约，采用对称造型，体现雅致清新的气质，符合现代都市人的审美意识。产品尺寸、比例适当，功能合理，符合一般用户的使用习惯和使用环境要求。

接到设计任务后先不要急于着手画草图，应先做前期的信息了解，千万不要急于马上开始计算机建模操作，应当首先仔细分析产品，弄清楚这个产品的特点及各部分外观形态之间的关系。如：产品是否为中心对称的图形；产品外观形体大概分成几个部分；各部分之间的结合（是一体材料）或者连接（非一体材料）关系是怎样的；细节形态有什么特点，大体结构上是直面为主还是曲面为主等。

当头脑中对产品形体有了清楚的认识后，才能避免后面的建模过程中出现"记得这一处忘记了另一处"、"重复做某些工作"的情况。以电风扇来说，经仔细观察与分析后可看出它大概的形体特点：

（1）产品上部是一个圆周阵列的结构，这一点将会影响到画线的过程；

（2）产品外围是由上下两个部分组成，且上下结构可以旋转一定的角度；

（3）上部主体和下部底座的两个部分，通过转轴连接，转轴分有左右摆动和上下旋转两个自由度；

（4）主体的底座上有装饰性造型，支撑臂上有装饰结构，弧线造型优美；

（5）按钮部分的色彩可以分开设置。

1.6.3　产品设计草图

在草图的设计初期，应对电风扇的形态进行初步探索性设计，尽量多地记录创意灵感，以便进行草图深化。产品设计草图如图 1-18 所示。

运用绘图工具或绘图软件对草图进行进一步的分析，提出可行性方案，并对方案进行深化。在这一阶段，应该对产品的细节和材质进行初步考虑。

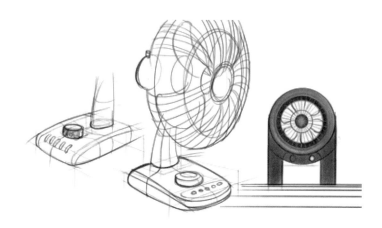

图 1-18　产品设计草图

1.6.4　电风扇三维模型的建立

根据设计方案运用三维设计软件（以犀牛 Rhino 软件为例）进行建模，同时对细节加以优化。

1.6.4.1　设计造型表现的方法与要素

本例要表现的电风扇外观如图 1-19 所示。

1.6.4.2　建立电风扇模型的主要流程图

基于对电风扇的形态、结构、材料、功能等方面的合理分析，确定基本建模思路顺序：

（1）准确画出底座关键轮廓线和结构线，用切割、放样的方法得到外观形态；

（2）制作底座上细节特点及按钮分布；

图 1-19　产品设计最终的效果图

（3）由底座向上建立支撑臂造型；

（4）建立电动机外壳，并在电动机结构基础上建立转轴及附属叶片，注意叶片比例大小及结构特征；

（5）根据相关标准要求设计环形阵列防护外罩。

电风扇的产品造型表现流程如图 1-20 所示。

1.6.4.3　具体建模过程

电风扇底座模型创建，具体步骤如下。

（1）首先打开锁定格点，在 Top 视图中，使用【矩形】工具里面的【圆角矩形 ▱】命令，

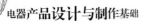

如图 1-21 所示。

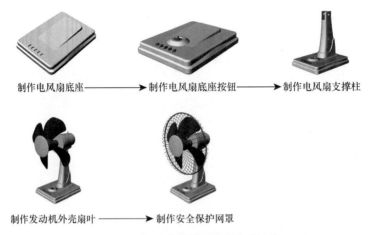

制作电风扇底座 ━━━━━━→ 制作电风扇底座按钮 ━━━━━━→ 制作电风扇支撑柱

制作发动机外壳扇叶 ━━━━━━→ 制作安全保护网罩

图 1-20　电风扇的产品造型表现流程

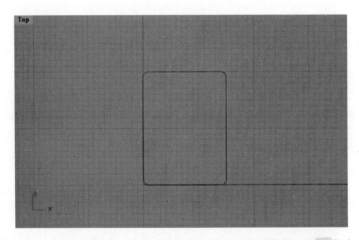

图 1-21　在 Top 视图中，使用【矩形】工具里面的【圆角矩形 ▢】命令

注意：在开始做计算机建模的时候，首先要打开锁定各点，这样才能准确地计算出模型的具体尺寸和所绘制得线段是否垂直。

（2）选中画好的矩形，使用【挤出分别封闭的平面曲线 ▣】命令，如图 1-22 所示，将矩形拉伸成体。

（3）在 Front 视图上，使用【控制点曲线 ▭】和【多重直线 ∧】，分别画出相对应的曲线和直线，如图 1-23 所示。

（4）使用【曲面】工具里面的【直线挤出 ▣】命令，选中直线和曲线。如图 1-24 所示。

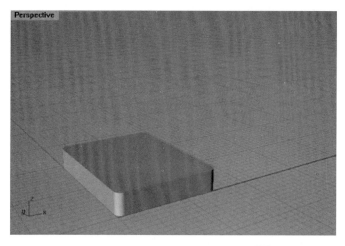

图 1-22　使用【挤出分别封闭的平面曲线 】命令

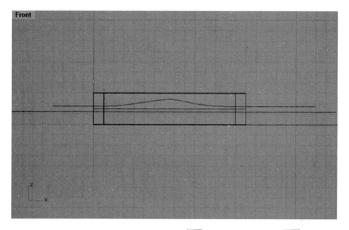

图 1-23　使用【控制点曲线 】和【多重直线 】

图 1-24　使用【曲面】工具里面的【直线挤出 】命令

（5）使用【实体】工具里面的【布尔运算分割 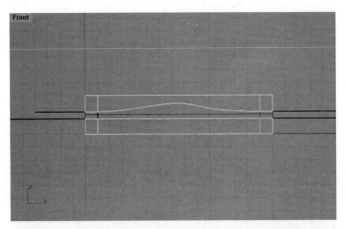】命令。先点选命令，再选择要被分割的实体，然后选择切割用的曲面，如图1-25所示。确定后实体分割成3个实体，删掉中间不需要的实体。

图1-25　使用【实体】工具里面的【布尔运算分割 】命令

（6）打开【物件锁定】工具里面的【中心点】，再选择【三轴缩放 】将分割后的实体进行调整，如图1-26所示。

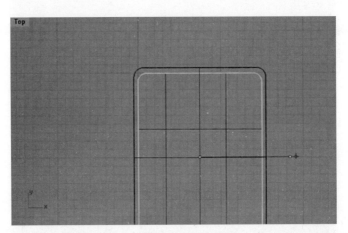

图1-26　打开【物件锁定】工具里面的【中心点】，再选择【三轴缩放 】

（7）使用【混接曲面 】命令，依次选择要连接的两条线。如图1-27所示。

（8）在Top视图中，使用【圆角矩形 】命令，注意画出的圆角矩形的对称轴要与实体的对称轴对齐。如图1-28所示。

（9）使用【曲面】工具里面的【直线挤出 】命令，选中圆角矩形。注意拉伸成曲面的矩形要通过实体，如图1-29所示。

图 1-27　使用【混接曲面 】命令

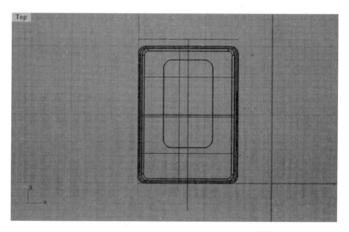

图 1-28　在 Top 视图中，使用【圆角矩形 】命令

图 1-29　使用【曲面】工具里面的【直线挤出 】命令

（10）使用【实体】工具里面的【布尔运算分割 ✐】命令。将实体分割成如图 1-30 所示。

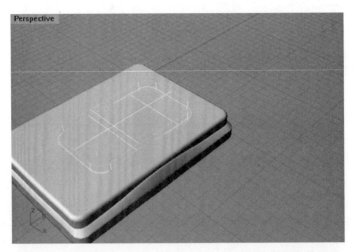

图 1-30　使用【实体】工具里面的【布尔运算分割 ✐】命令

（11）选中分割后的实体，使用【炸开 ✍】命令，如图 1-31 所示。

图 1-31　选中分割后的实体，使用【炸开 ✍】命令

（12）选择使用【3D 旋转 ✎】命令后，再选中曲面确定，然后确定曲面的中心点为旋转中心，如图 1-32 所示。

（13）选择【三轴缩放 ✑】，将旋转后的曲面进行调整，如图 1-33 所示。

（14）使用【混接曲面 ✑】命令。得到如图 1-34 所示。

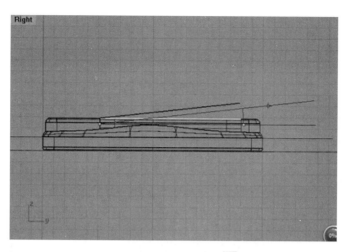

图 1-32　选择使用【3D 旋转 】命令

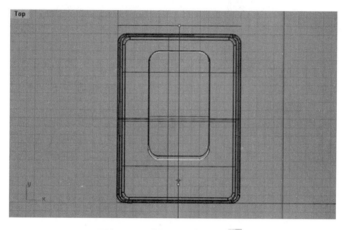

图 1-33　选择【三轴缩放 】

图 1-34　使用【混接曲面 】命令

（15）在 Top 视图上，使用【实体】工具里面的【平顶锥体 🔘】命令，所做的圆锥中心点要确定在实体的中轴上，如图 1-35 所示。

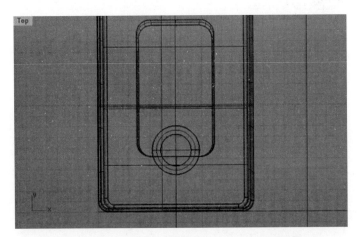

图 1-35　使用【实体】工具里面的【平顶锥体 🔘】命令

（16）使用【实体】工具里面的【圆柱体 🔲】命令，要从侧视图注意所建的实体的高度，如图 1-36 所示。

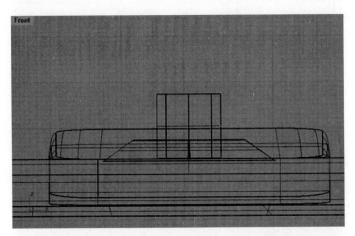

图 1-36　使用【实体】工具里面的【圆柱体 🔲】命令

（17）使用【布尔运算差集 🔘】，选择圆锥体确定后，再选择圆柱体确定。得到如图 1-37 所示。

（18）使用【不等距边缘圆角 🔘】命令，选择边缘线进行倒角。如图 1-38 所示。

（19）结合以上所述，对电风扇底座的细节制作。如图 1-39 所示。

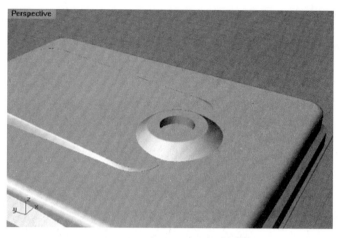

图 1-37　使用【布尔运算差集 】

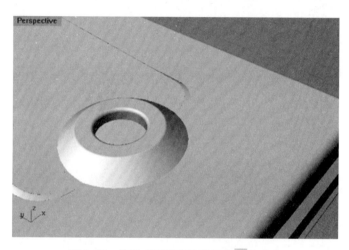

图 1-38　使用【不等距边缘圆角 】命令

图 1-39　电风扇底座的细节制作

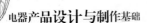

电风扇支撑柱模型创建，具体步骤如下。

（1）在 Top 视图上，使用画线工具里面的【圆角矩形 ▢】和【混接曲线 ↗】命令。如图 1-40 所示。

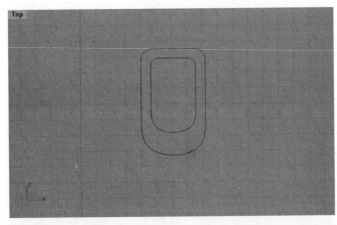

图 1-40　在 Top 视图上，使用画线工具里面的【圆角矩形 ▢】和【混接曲线 ↗】命令

（2）打开物件锁点里面的中心点。在 Right 视图上，使用【控制点曲线 ▢】命令，将对应点用曲线连接。如图 1-41 所示。

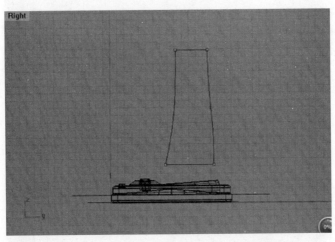

图 1-41　在 Right 视图上，使用【控制点曲线 ▢】命令

（3）使用【曲面】工具中的【双轨 ▢】命令。先选择两条轨迹线，再选择断面曲线，确定。如图 1-42 所示。

（4）使用【实体】工具里面的【将平面洞加盖 ▢】，选择曲面确定，如图 1-43 所示。

（5）在 Right 视图上，使用【控制点曲线 ▢】命令。如图 1-44 所示。

图 1-42　使用【曲面】工具中的【双轨 】命令

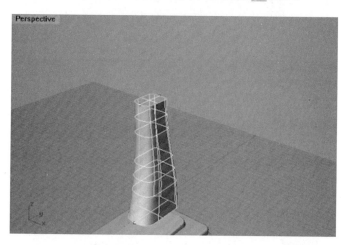

图 1-43　使用【实体】工具里面的【将平面洞加盖 】

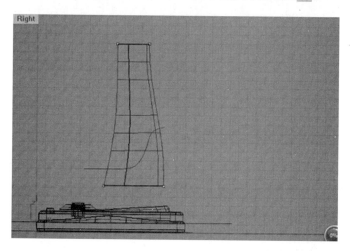

图 1-44　在 Right 视图上，使用【控制点曲线 】命令

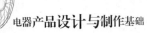

（6）将曲线拉伸，利用拉伸的曲面进行实体分割。如图 1-45 所示。

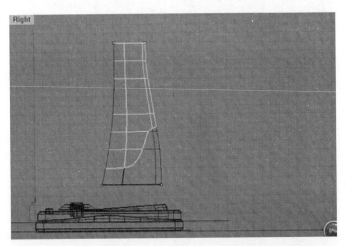

图 1-45　将曲线拉伸，利用拉伸的曲面进行实体分割

（7）结合以上所学，将分割好的实体进行缩放，再将边缘进行倒圆角。如图 1-46 所示。

图 1-46　将分割好的实体进行缩放，再将边缘进行倒圆角

（8）使用【立方体🔘】命令，形成实体。如图 1-47 所示。

（9）利用【布尔运算差集🔘】命令，形成的长方体为切割实体。得到如图 1-48 所示。

（10）在 Right 视图上，使用【多重直线人】和【控制点曲线🔘】命令，得到如图 1-49 所示。

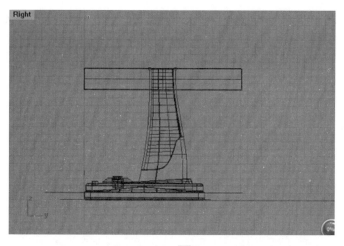

图 1-47　使用【立方体 】命令，形成实体

图 1-48　利用【布尔运算差集 】命令，形成的长方体为切割实体

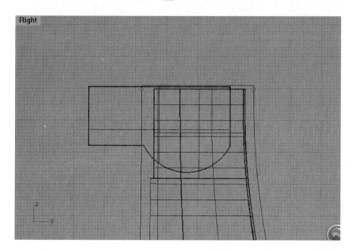

图 1-49　在 Right 视图上，使用【多重直线 】和【控制点曲线 】命令

（11）使用【实体】工具里面的【挤出封闭的平面曲线 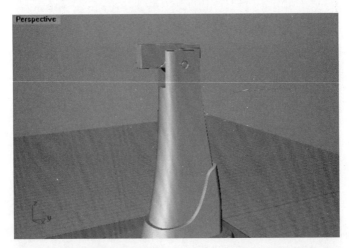】命令，选择封闭的曲线挤出成实体。利用对底座的制作命令进行细节制作。如图 1-50 所示。

图 1-50　使用【实体】工具里面的【挤出封闭的平面曲线 █】命令

（12）在 Front 视图上，使用【圆柱体 █】和【平顶锥体 █】命令，如图 1-51 所示。注意形成的实体的中心点要在同一条直线上，并在电风扇的相应位置上。

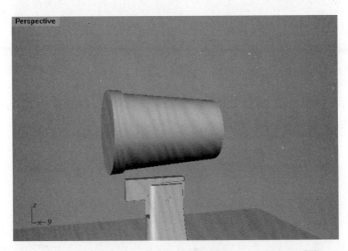

图 1-51　在 Front 视图上，使用【圆柱体█】和【平顶锥体 █】命令

（13）在 Front 视图上，使用【矩形平面 █】工具形成一个平面。使其与圆台有相交的线，使用【物件交集 █】命令提前相交的曲线，如图 1-52 所示。

（14）选中相交的曲线。使用【圆管 █】命令，再将利用圆管为切割物，在圆台上进行【布尔运算差集 █】命令。如图 1-53 所示。

（15）使用电风扇底座开关的制作方法，来进行尾部的图形制作。如图 1-54 所示。

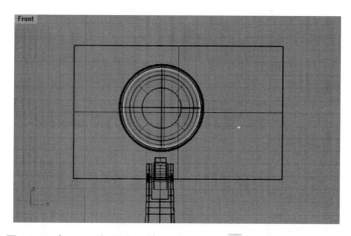

图 1-52　在 Front 视图上，使用【矩形平面▦】工具形成一个平面

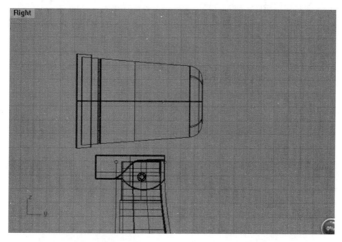

图 1-53　使用【圆管◖】命令和【布尔运算差集◐】命令

图 1-54　尾部的图形制作

（16）在 Right 视图上，利用画线工具画出封闭曲线，再利用实体工具里面的拉伸方法得到实体。如图 1-55 所示。

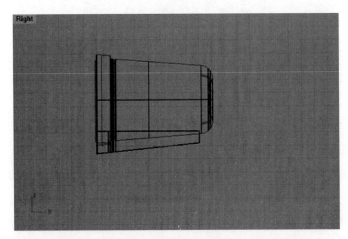

图 1-55　利用实体工具里面的拉伸方法得到实体

电风扇扇叶模型创建，具体步骤如下。

（1）将不必要的模型进行隐藏。在 Front 视图上，使用【圆柱体 】命令，形成两个实体，再使用【布尔运算差集 】命令，最后将边缘线进行倒圆角。如图 1-56 所示。

图 1-56　在 Front 视图上，使用【圆柱体 】命令和【布尔运算差集 】命令

（2）在 Front 视图上，使用【矩形平面 】工具形成一个平面，利用平面将实体进行分割。如图 1-57 所示。

（3）将分割好的两实体边缘线，倒圆角，如图 1-58 所示。

（4）在 Front 视图上画曲线，如图 1-59 所示。

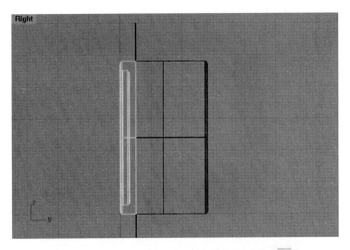

图 1-57　在 Front 视图上，使用【矩形平面 ▦ 】

图 1-58　将分割好的两实体边缘线倒圆角

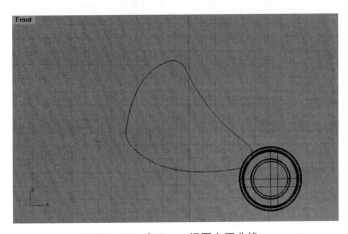

图 1-59　在 Front 视图上画曲线

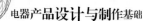

（5）使用【挤出封闭的平面曲线📷】命令，将曲线拉伸成实体。如图 1-60 所示。

图 1-60　使用【挤出封闭的平面曲线📷】命令

（6）在 Right 画曲线，再使用【曲线】工具里面的【偏移曲线📷】命令进行等距偏移，如图 1-61 所示。

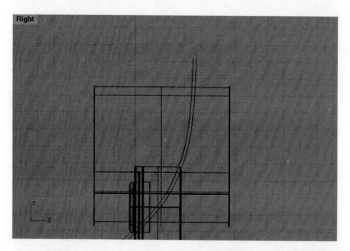

图 1-61　使用【曲线】工具里面的【偏移曲线📷】命令进行等距偏移

（7）将两条曲线进行拉伸，然后将风扇实体进行分割。如图 1-62 所示。

（8）选择分割好后的风扇叶，使用【变动】工具里面的【环形阵列📷】命令，选择中心点（要在 Front 视图上进行）。将信息栏的【项目数】输入为 4，如图 1-63 所示。

（9）使用【圆柱体📷】和【椭圆体📷】命令，得到实体如图 1-64 所示。

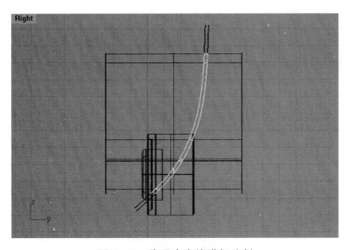

图 1-62　将风扇实体进行分割

图 1-63　使用【变动】工具里面的【环形阵列💠】命令

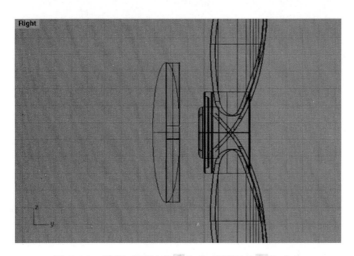

图 1-64　使用【圆柱体💿】和【椭圆体◍】命令

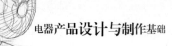

（10）在 Right 视图上，画曲线，并使用【圆管 】命令，如图 1-65 所示。

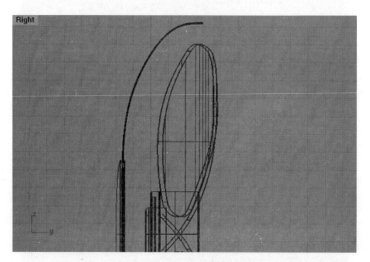

图 1-65　使用【圆管 】命令

（11）选中圆管，使用【圆形阵列 】命令，如图 1-66 所示。

图 1-66　选中圆管，使用【圆形阵列 】命令

（12）同理，在 Front 视图上，画线，倒圆管。如图 1-67 所示。（注意圆管的相对位置）

（13）选择所有的圆管，使用【变动】工具里面的【镜像 】命令，以中心圆管的中心线为对称轴。如图 1-68 所示。

（14）将隐藏好的模型显现出来，如图 1-69 所示。

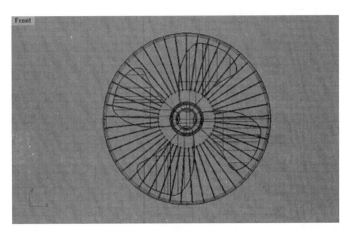

图 1-67　在 Front 视图上，画线，倒圆管

图 1-68　使用【变动】工具里面的【镜像 】命令

图 1-69　将隐藏好的模型显现出来

（15）加以简单渲染，电风扇的总体效果如图 1-70 所示。

（a）效果图 1

（b）效果图 2

（c）效果图 3

图 1-70　产品最终效果图

最终的产品基本可以表达出现代生活的理念和精神。

1.7　小结

通过电风扇产品设计这一章节的内容，详细介绍了电风扇分类、结构、材料、造型等关于电风扇产品设计的相关内容，并提供了一个完整的设计实例供读者学习、参考。

1.8　思考与练习题

1．简述一款常用电风扇的基本工作原理。

2．选一款自己认为比较熟悉的电风扇，详细分析其结构特点。

3．分析常用的 3 款电风扇的外观造型和颜色选用特点。

4．详细叙述一款电风扇的全部使用材料与加工工艺。

5．分析市场上家用电风扇造型风格，总结电风扇的设计风格及所针对的人群。

6．用 Rhino 软件设计一款小型的概念电风扇，适合学校、办公室、宿舍使用。

02

第 2 章

电熨斗设计与制作基础

2.1　电熨斗概述

2.1.1　电熨斗定义

电熨斗是用来平整衣服和布料的家用电器，功率一般为 300 ～ 1 000 W。

2.1.2　熨斗的历史、发展及现状

熨斗最早出现在中国的汉代（公元 2 年），晋代的《杜预集》上写道："药杵臼、澡盆、熨斗……皆民间之急用也。"由此可见，熨斗已是那时民间的家庭用具。据《青铜器小词典》介绍，汉魏时期的熨斗是用青铜铸成，有的熨斗上还刻有"熨斗直衣"的铭文，可见那时候的人们就已懂得了熨斗的用途。关于"熨斗"这个名称的来历，古文中有两种解释，一是取象征北斗的意思，东汉的《说文解字》中解释："斗，象形有柄"。清朝的《说文解字注》中写道："上象斗形，下象其柄也，斗有柄者，盖北斗。"二是熨斗的外形如斗。古时的熨斗如图 2-1 所示。

也有把熨斗叫"火斗"、"金斗"的。因为古时的熨斗不是用电，而是把烧红的木炭放在熨斗里，等熨斗底部热得烫了手后再使用，所以又叫做"火斗"。"金斗"则是指非常精致的熨斗，不是一般的民间用品，只有皇亲贵族才能享用。在

图 2-1　古时的熨斗

现代一些地方的洗衣店里，由于特殊需要或在没有电的情况下，还有使用木炭熨斗的。

欧洲人很早就会熨烫衣服了，他们用一块沉重的"平底铁"在火中或热金属板上加热后熨烫衣服，这种熨烫容易把铁弄得太热而烧焦衣服。开始试着熨烫时，铁块还没有完全变热。有时铁柄也被弄得非常热，导致人们经常无法熨烫或在熨衣服时弄伤自己。直到 19 世纪，欧洲人开始把热水或煤炭余火装在空心熨斗里，情况才稍微改善了一点。

纽约发明家亨利·W·西在 1882 年发明了第一个用电的熨斗。它装了一个金属丝元件，当电流通过时，金属丝会发热，与传统的电炉原理相同。这个熨斗的问题在于，它出现时，只有极少数家庭有电。因此，许多人仍使用着"平底铁"进入了 20 世纪。1913 年，法国著名的卡洛里公司推出了世界上第一个电熨斗设计样品。直到 1924 年，第一个实用

的电熨斗才被美国人吉茨夫·米尔研制成功。1926 年，在纽约出现了第一个蒸汽熨斗，它产生的蒸汽喷流使正在熨烫的织料变得潮湿，该蒸汽熨斗是由一家名叫 Eldec 的公司生产制造的。此后，蒸汽电熨斗才进入寻常百姓家庭。1932 年，出现了可以调温的电熨斗。1953 年，喷雾蒸汽式电熨斗问世，如图 2-2 所示。

老式的电熨斗因温度不断升高而需要不时地在衣服上喷水，否则，衣服很容易会被烧糊。如今的电熨斗不仅增加了自动喷水、清洗等功能，有的还针对不同质地的衣服设计了不同的工作温度，使用起来得心应手。

现在很多电熨斗都有蒸汽功能，衣服经过蒸汽喷射后，可消毒、杀菌，并恢复衣服的弹性，袖口松弛的毛衣也可通过飘熨恢复原状，就连香烟味也可一并消除。有些电熨斗还附带外观精致、携带方便的熨斗收藏箱，能收藏

图 2-2　蒸汽喷雾式电熨斗

多种型号的电熨斗。电熨斗的防热内层耐高温可达 260℃，应确保老人和儿童的安全。

2.2　电熨斗的分类、工作原理和结构

2.2.1　电熨斗的分类

电熨斗的结构和功能通常分为 4 类：普通型电熨斗、调温型电熨斗、蒸汽型电熨斗、蒸汽喷雾型电熨斗。

图 2-3　普通型电熨斗

1. 普通型电熨斗

普通型电熨斗是电熨斗的最基本形式。它结构简单，主要由底板、电热元件、压板、罩壳、手柄等部分组成。因不能调节温度，已渐趋淘汰。如图 2-3 所示。

2. 调温型电熨斗

在普通型电熨斗上增加温度控制装置而成为调温型电熨斗。温度控制元件采用双金属片，利用调温旋钮改变双金属片上静、动触头之间的初始距离

和压力，即可获得所需的熨烫温度。调温范围一般为 60℃～250℃。如图 2-4 所示。

图 2-4　调温型电熨斗

3. 蒸汽型电熨斗

在调温型电熨斗的基础上增加蒸汽发生装置和蒸汽控制器而成为蒸汽型电熨斗，具有调温和喷汽双重功能，不需人工喷水。蒸汽式电熨斗按照蒸汽控制可分为滴式进给电熨斗和沸腾式电熨斗。蒸汽式电熨斗的蒸汽喷发可以通过手动开关进行蒸汽控制，并且当底板置于垂直位置时停止喷发蒸汽，这种类型的电熨斗通常被称为滴式进给电熨斗。无控制蒸汽喷发的方式，蒸汽连续喷发直至水容器排空为止，这种类型的电熨斗通常被称为沸腾式电熨斗。图 2-5 是两款蒸汽型电熨斗。

（a）华裕蒸汽型电熨斗 YPF-603　　　　（b）飞利浦蒸汽型电熨斗 GC140

图 2-5　两款蒸汽型电熨斗

4. 蒸汽喷雾型电熨斗

在蒸汽型电熨斗的基础上加装一个喷雾系统而成为蒸汽喷雾型电熨斗，具有调温、喷汽、喷雾多种功能。其喷汽系统和蒸汽型电熨斗相同，当底板温度高于 $100℃$ 时，按下喷汽按钮，控水杆使滴水嘴开启，水即滴入汽化室内汽化，并从底板上的喷汽孔喷出。喷雾装置与产生蒸汽的装置是彼此独立的。手揿喷雾按钮，喷雾阀内活塞向下压，阀门的圆钢球便将阀底部的孔关闭，阀内的水便通过活塞杆的导孔由喷雾嘴形成雾状喷出；

松开手后，喷雾按钮自动复位，由于阀的作用，储水室内的水将阀底部的圆钢球顶开，通过底孔进入阀内。图 2-6 是两款蒸汽喷雾型电熨斗。

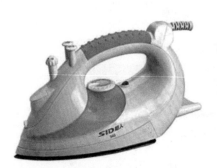 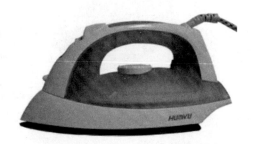

（a）超人蒸汽喷雾电熨斗 SY566　　　（b）华裕 YPF-615 蒸汽喷雾电熨斗

图 2-6　两款蒸汽喷雾型电熨斗

2.2.2　电熨斗的工作原理

织物经穿着、储存、洗涤后会产生皱褶、变形。去掉这些变形和皱褶，一般需要对织物加温、加压、加湿。因此，温度和压力是实现对织物熨烫的必要条件，蒸汽是实现对织物熨烫的充分条件。

1．电熨斗满足熨烫条件的方式

（1）加温

用外部热源预先对熨斗底加热，使熨斗底储存热能；当底盘与织物接触时，将热能传递给织物，使织物温度升高。利用木炭作燃料，可直接对底盘加热，这种加热持续整个熨烫过程。利用电流的热效应，将电流通过电阻丝，产生热量传递到电热盘，从而实现对被烫物加热。利用半导体发热组件进行加热也是一种常用的方法。

（2）加湿

对被烫织物喷雾，润湿织物；当电熨斗熨烫时，水变成蒸汽，使织物纤维变形。常常在织物半干时就熨烫，或在织物上隔一层湿布。

（3）加压

加温并有蒸汽使织物纤维舒展开后，施加一定压力，就可使织物按需要整烫。这就是部分熨斗需用加重铁的原因。

由于各种织物的耐温特性不同，各种织物熨烫时所需温度是不一样的；国际上有一种通用的织物洗涤和整烫标示，这些标示一般都缝制上衣内左侧下摆缝线处。选择温度时要注意查看。电熨斗工作电路如图 2-7 所示。

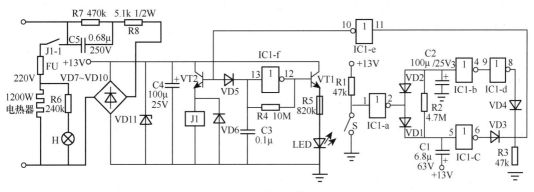

图 2-7　电熨斗工作电路

2. 电熨斗的热量传导方式

当电阻丝通过电流后，会产生热量，再用调温器控温；再加入适量的清洁水，被电阻丝加热后的水转变为水蒸气，再经喷孔喷出。水蒸气进入布料中留下余热，这样布料就因高温而产生塑性变形。

3. 电熨斗的自动调温原理

电熨斗的自动调温原理如图 2-8 所示。

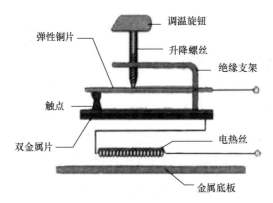

图 2-8　电熨斗自动调温原理

电熨斗调温的功劳要归于用双金属片制成的断路器。双金属片是把长和宽都相同的铜片和铁片紧紧地铆在一起做成的。受热时，由于铜片膨胀得比铁片大，双金属片便向铁片那边弯曲。温度愈高，弯曲得愈显著。

常温时，双金属片端点的触点与弹性铜片上的触点接触。当电熨头接通电源时，电流通过接触的铜片、双金属片流过电阻丝，电阻丝发热并将热量传给电熨斗底部的金属底板，就可以用发热的底板熨烫衣物。随着通电时间的增加，底板的温度升高到设定温度时，与底板固定在一起的双金属片受热后向下弯曲，双金属片顶端的触点与弹性铜片上的触点分离，于是电路断开。这时底板的温度不再升高，因底板散热而降低；双金属片的形变也逐渐恢复，当温度降至设定值时，双金属片与弹性铜片又重新接触，电路再次接通，底板的温度又开始升高。这样，当温度高于所需温度时，电路断开；当温度低于所需温度时，电路接通，便可保持温度在一定的范围内。

当把调温钮上调时，上下触点随之上移。双金属片只需稍微下弯即可将触点分离。显然这时底板温度较低，双金属片可控制底板在较低温度下的恒温。当把调温钮下调时，上下触点随之下移，双金属片需下弯程度较大，才能将触点分离。显然这时底板的温度较高，双金属片可控制底板在较高温度下的恒温。这样便可适应织物对不同温度的要求。电熨斗自动调温反馈系统如图 2-9 所示。

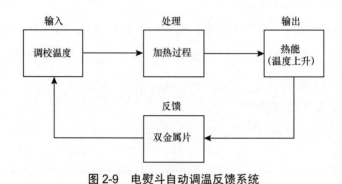

图 2-9 电熨斗自动调温反馈系统

4. 两款具体的电熨斗及其工作原理

（1）调温喷汽型电熨斗

调温喷汽型电熨斗是在普通型电熨斗的基础上增加了喷汽装置，它具有调温、喷汽双重功能。这种电熨斗的底板上有若干喷汽孔，在底板和加热元件上设有一只密封的蓄水罐，蓄水罐的进水口设在手柄的前端，出汽管与蓄水罐相通，在出汽管上设有阀门，由手柄上的按钮控制喷汽或停止喷汽。电热元件通电加热底板的同时，也将水罐中的水加热，水受热沸腾后汽化而产生蒸汽。水蒸气由管子引至底板上的喷汽孔喷出，使衣物被水蒸气润湿。蓄水器的后半部与底板分离，不需喷汽时，只需竖起熨斗，蓄水罐内的水就停止受热而节省热量。

（2）调温喷汽喷雾型电熨斗

调温喷汽喷雾型电熨斗是在喷汽型电熨斗的基础上增加了雾化装置。调温喷汽喷雾型电熨斗除了具备调温、喷汽功能外，还能向衣物喷出水雾，可使较厚的衣料得到充分的湿润，提高熨烫效果。雾化装置的结构是将一根毛细管的下部伸入水罐下部，浸没在水中，毛细管的上部通向带有阀门的喷雾孔。工作时，受热产生的水蒸气有一部分通过进汽管进入蓄水罐顶部，使蓄水罐水面上保持一定的压力；需喷雾时，按喷雾汽按钮开关，则喷雾阀打开，水蒸气通过喷雾嘴喷出，同时毛细管将水吸上。

2.2.3　电熨斗结构

电熨斗由机身、底板、温度调节装置、电热元件、储水箱、外壳等组成，具体的结构如图 2-10 所示。

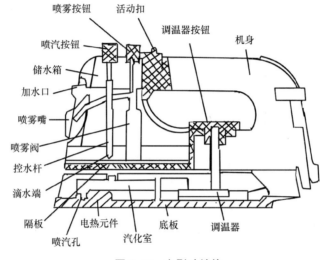

图 2-10　电熨斗结构

电熨斗的发热元件有云母骨架发热元件和电热管电热元件两种。电热管的基本结构由引出棒、绝缘填料（氧化镁粉）、电阻丝、金属外管组成，如图 2-11 所示。

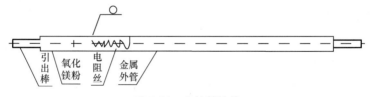

图 2-11　电热管结构

电热管直径可根据需要在 5.2 ～ 16 mm 选择。按照最终产品的需要，电热管可以弯曲成各种形状。根据电热管的不同使用状态、安全及安装需要，电热管还会包括封口结构、端子部分的结构、法兰、温控或熔体丝等其他结构。

云母骨架发热元件制成的电熨斗优点是结构简单、制造容易、发热比较均匀、维修方便；缺点是电热丝暴露在空气中，在高温下氧化快，寿命短，易受潮湿空气影响，绝缘性能较差。电热管电热元件制成的电熨斗优点是机械强度好、寿命长、热效率高、防潮性能好、安全可靠，缺点是制造工艺比较复杂。

2.3 电熨斗主要技术指标和性能参数

2.3.1 电熨斗的主要技术指标

电熨斗的生产必须符合国家标准 GB4706.1《家用及类似用途电器的安全通用要求》、GB4706.2《家用及类似用途电器的安全电熨斗的特殊要求》。

电熨斗的主要技术指标包括电气参数、电熨斗主体尺寸参数、电熨斗的重量、电熨斗的类型等。

电气参数主要有电熨斗的额定电压、额定频率、额定功率等。电熨斗的主体尺寸参数包括长、宽、高，它们限定了电熨斗的外观设计以及内部的结构设计。重量是电熨斗的一个重要参数，它决定了电熨斗的材料的选用和使用的方便程度。

2.3.2 电熨斗的主要性能参数

电熨斗的性能参数主要有电气安全性能、传热性能以及温度控制性能。

1. 电气安全性能

电熨斗的电器安全性能除一般的电器产品安全要求外，还应有除垢系统以及防滴漏系统，确保使用安全，并有效延长产品的使用寿命。

2. 传热性能

普通电熨斗要求导热底板有较好的热传导性及较大的热容比，材料主要为铸铁和铝合金，少数产品采用钢板。使用铝作为底板的电熨斗，为防止铝的氧化，往往在底板表面喷涂一层聚四氯乙烯。

注意： 采用开启式片状发热元件的电熨斗，一般在电热元件和石棉绝缘板上用一层压板固定，已将热量充分集中到底板，提高热效应；如果电热元件直接铸进了底板就不用再设压板了。

外壳、把手外壳和把手通常都是采用耐热塑料等低导热系数和绝缘材料制成的。外壳和把手的设计特点是绝热、绝缘、安全可靠，把手还要求便于把握使用。国家标准规定，电熨斗在 105% 的额定电压下通电 30 min 后，把手握持部分的温度不应高于 50℃。

3．温度控制性能

用电熨斗熨衣服，若温度过高会烫坏衣服，过低则效果差，而且对于不同的衣料，熨烫所需温度也不同。因此，现在的电熨斗大多采用自动调温装置。其温控器一般采用双金属片型调温元件，通过调节温度控制旋钮，其调温范围通常在 60℃～250℃。

一般电熨斗温控器的调温旋钮分别为：尼龙（60℃～100℃）、合成纤维（100℃～125℃）、丝绸（125℃～150℃）、羊毛（150℃～180℃）、棉（180℃～200℃）、麻（200℃～230℃）共 6 挡。国家标准对调温器控温精度的要求是：调温器在任何一挡时，底板温度变化幅度不大于 20℃。

2.4　电熨斗材料和加工工艺

电熨斗的各部件的材料和加工工艺各不相同，下面就其底板、电热元件、储水箱、外壳等作一说明。

2.4.1　电熨斗底板

底板是电熨斗的基础部件，材质主要为铸铁、陶瓷或铝合金，有少数产品采用钢板。铸铁底板常以灰铸铁铸造，并经铣削、磨平、镀铬、抛光制成，具有硬度较高、重量较大、热容量较大、可以保证熨衣压力、适合熨烫厚实衣物等优点，但使用时比较费力。

铝合金底板的优点是传热性好，但由于重量较轻，在有些情况下熨衣可能需要加大压力。为了防止铝的氧化，许多电熨斗还在底板表面喷涂了一层聚四氯乙烯，可使其在熨衣时光滑如镜。底板的形状通常是尖船形，这样不仅便于使用，还可使热量相对集中。

2.4.2　电熨斗电热元件

电热元件是电熨斗核心元件，有开启式片状和封闭式电热管状两种类型。开启式片状电热元件的生产工艺简单，通常是将电阻丝绕在云母片支架上，上下再覆盖云母片制成。这种电热元件价格低廉，但使用寿命较短，主要用在较早期的电熨斗中，现在已较少采用。封闭式电热管状热元件是一种封闭电阻元件，通常是将电阻丝放入充填结晶氧化镁粉的金属管内制成。如果把电热管铸造在合金铝中，就成为一体化的发热盘了。这种电热元件具有封闭固定、耐冲击、抗振动、在高温工作状态下能保持良好的电气安全性能和使用寿命长等特点。

2.4.3 电熨斗储水箱、外壳、把手及电源线

喷汽型电熨斗的储水箱，一般采用塑料制成，水箱中还设置了喷汽控制机构，常态下，储水箱是关闭的。当需要喷汽时，按动储水箱上的喷汽开关按钮，打开出水小孔，水经小孔和管道流到底板，形成喷汽，使织物润湿均匀，以获得更好的熨烫效果。

外壳和手把通常采用耐热塑料等低导热系数的绝缘材料制成。外壳和手把的设计特点是绝热、绝缘、安全可靠，把手还要求便于把握使用。国家标准规定：电熨斗在105% 的额定电压下通电 30 min 后，手把握持部分的温度不应高于 50℃。

电源线和插头电源线通常采用耐热专用三芯绝缘电线。电源插头采用标准三芯电源插头。6 款电熨斗的底板设计如图 2-12 所示。

（a）飞利浦 GC1815 多顺滑涂金底板　　　（b）舒悦 蒸汽电熨斗 /CS-5388 陶瓷底板

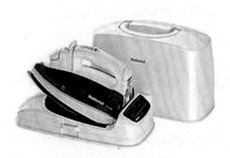

（c）伊莱克斯 EGSI 300 不锈钢底板　　　（d）松下 NI-L90E 钛金底板

图 2-12　6 款电熨斗的底板设计

（e）特福 FV9230 流线珐琅底板　　　　（f）东菱 XB-1618A 喷氟底板

图 2-12　6 款电熨斗的底板设计（续）

2.5　典型产品设计

2.5.1　飞利浦电熨斗设计

飞利浦 GC1421 采用大水储箱的设计，免去多次加水的麻烦，外观时尚，底板带有纽扣凹槽，使熨烫不必躲避纽扣的障碍，而且防摔耐用。如图 2-13 所示。

其外观采用淡粉色的设计，色彩温和、时尚，透明储水箱的容量为 200 ml，免去了重复注水的麻烦，1.8 m 的电源线，可满足远距离操作，衣服材质的选择按钮设计在提手下面，调节方便，并且带有温度指示灯，使用比较方便。如图 2-14 所示。

图 2-13　飞利浦电熨斗 GC1421

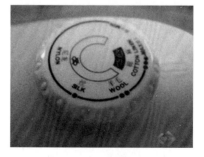

（a）蒸汽选择推钮　　　　　　　　　（b）材质选择旋钮

图 2-14　飞利浦电熨斗 GC1421 外观设计细节

GC1421 型电熨斗采用特设蒸汽孔，能够确保汽流畅通无阻；连续的蒸汽使得除皱效果比较好；蒸汽量可调，能够适合不同面料的衣物；自动除垢功能可将水垢颗粒随水冲出，清洗起来比较方便；可 180°旋转，熨烫时行动更自如。底板设计如图 2-15 所示。

图 2-15　底板设计

2.5.2　松下电熨斗设计

图 2-16　松下电熨斗 NI-W650CS

如图 2-16 所示，松下 NI-W650CS 型电熨斗在外观设计上采用圆润的子弹头型设计，陶瓷涂层的底板，可以有效熨平褶皱，防垢的储水箱洗起来比较方便，喷雾量较大，而且温度可调节，安全可靠。

外观采用银白色和黑色的经典搭配，略显厚重感，流线的造型，使其动感十足，开关设在把手前端，衣服材质的选择旋钮设计在储水箱上，调节方便。

（a）调节旋钮

（b）开关按钮

图 2-17　松下电熨斗 NI-W650CS 外观设计细节

如图 2-18 所示，松下 NI-W650CS 型电熨斗具有 360°多方位熨烫的底板，底板为球面形设计，材质为陶瓷涂层，熨烫方便。储水箱为防垢储水箱，可有效防止水箱结垢。可进行干烫和蒸汽熨烫两种选择，可根据衣物的布料调节温度，熨烫安全。喷雾装置的喷雾量大，可使衣物熨烫得更加平整。

图 2-18　底板设计

2.5.3　东菱"脱手立"立式电熨斗设计

东菱小家电产品脱手立电熨斗 EC-1655 型电熨斗荣获 2007 年中国创新设计红星奖，这是当时国内工业设计界最高级别的奖项，标志着该公司的工业设计水平踏上了一个新的台阶。如图 2-19 所示。

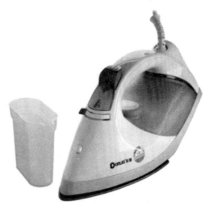

该电熨斗采用搪瓷底板，超顺滑，抗划伤，不伤衣物；温度可自由调节，适合熨烫各种不同面料的衣物；具有连续蒸汽功能，可以在最短的时间内熨平衣物上的顽固褶皱；自动清洗功能，延长熨斗的使用寿命；超高温保护功能，让使用者更安心，更放心；自动断电功能，平放 10 s，立放 15 min 自动断电，使用更安全；喷雾功能，能熨平较厚衣物

图 2-19　东菱"脱手立"立式电熨斗　EC-1655

上的褶皱；外观造型时尚、可爱，易携带；脱手就起立；多种压力蒸汽模式，特色强力蒸汽。

该电熨斗的设计亮点是靠重力的作用在脱手时自动立起来，这样就有效防止了熨斗久放在衣物上可能熨坏衣物及引起火灾的危险。

2.6　电熨斗设计实训

下面讲解一款电熨斗的设计制作过程，包括前期产品的市场调研、设计要求与定位，这些都是产品设计的重要开端。

在设计与制作过程中，要注意培养良好的建模习惯，使用某个命令时要学会举一反三，思考相似命令之间的联系，多思考分析出现错误的原因，及时使用其他命令来进行纠正，从而加深对该软件的熟悉和应用技巧。

2.6.1　市场调研

随着人们生活水平与质量的提高，电熨斗逐渐成为家庭必不可少的小电器。消费者喜欢功能简单的中低端电熨斗，而高端电熨斗鲜有人问津。

市场上低端电熨斗产品占近七成，成为销售主流。消费者对均价低于 200 元的低端电熨斗产品更为青睐。全国 21 个城市销售的电熨斗产品中，200 元以下的低端产品占有率高达 68.15%；其次则是 200 ～ 399 元的中低端产品，比例为 25.21%；市场中 400 ～ 599 元的中高端产品以及 600 元以上的高端产品市场份额都很小，分别是 3.24% 和 3.4%。

消费者更喜欢中低端电熨斗的另一个表现是，作为电熨斗中的高端产品，无线电熨斗在中国市场上发展缓慢。数据显示，无线电熨斗销售量竟然是负增长，增长率为 -2.03%。由于无线电熨斗均价的增长，相对有线电熨斗的高昂价格，使得中国的消费者对其望而却步。

尽管消费者喜爱中低端电熨斗，但是电熨斗在城市销售的平均价格还是增长了 8.64%。这主要是由于均价相对于更高的蒸汽电熨斗，比均价较低的传统电熨斗销售量增长的更快。蒸汽电熨斗增长率为 8.32%，传统电熨斗增长率为 3.72%，导致整个市场均价上升。

在零售市场上，电熨斗分为 3 个品牌阵营：中国、日本和欧洲。不同的品牌阵营中的产品各占据着不同的价格段。据调查，中国品牌在低端产品上所占的比例最大，而在其他价格段的比例都较小；欧洲品牌在高端市场中竟然占有超过八成的份额；日本品牌产品在中端的比例较大。国产品牌阵营在市场占有率上位居第二，主要凭借平均价格在 170 元以下的价格优势，占据近三成的市场份额。

2.6.2　设计要求与设计定位

当今的消费者不仅注重功能，还越来越重视外观，因此，目前的电熨斗呈现超薄、小巧、轻便的特点。

人性化设计是目前电熨斗设计的主流思想，设计电熨斗须更加注重人机关系的改进，更加符合人们的使用习惯。

根据现有电熨斗发展状况及趋势，设计定位为：造型上更具有流行元素，显得灵巧、轻便；颜色上要符合现代人的色彩观念，采用比较流行的色彩；机身内部结构进行大的改进，减小蒸汽锅，缩短预热时间，降低成本；人机关系上做出进一步的改进，使之更适合人们的使用。

2.6.3　设计草图与最终方案

设计草图如图 2-20 所示。

综合初期草图，同时结合不同方案的优点，确定产品采用当前比较流行的简约、整洁的风格，并且依照人机工程学来设计操控面板、交互界面以及相关把手、按钮等。最终方案如图 2-21 所示。

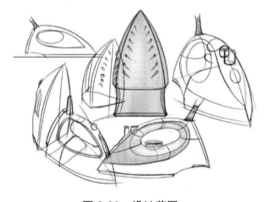 

图 2-20　设计草图　　　　　　　　　　　图 2-21　最终方案

2.6.4　电熨斗三维模型的建立

2.6.4.1　电熨斗造型表现的方法与要素

本例要表现的电熨斗外观如图 2-22 所示。

2.6.4.2　电熨斗设计的主要流程

如图 2-23 所示，此电熨斗的设计流程与第 1 章中的电风扇设计流程类似，但市场分析、设计定位和用户分析要根据此电熨斗具体的设计要求以及目标用户而定。

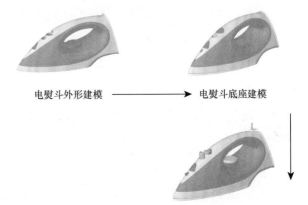

电熨斗外形建模 ⟶ 电熨斗底座建模

电熨斗按钮建模

图 2-23　电熨斗设计的主要流程

图 2-22　本例要表现的电熨斗外观

2.6.5　具体建模过程

电熨斗外形创建，具体步骤如下。

（1）画线。这是为电熨斗的外形做准备，使用【控制点曲线 ⟳】命令将整体外形画出来。注意线要简洁，控制点尽量要少。

（2）在 Top 试图使用【控制点曲线】画出电熨斗底面，如图 2-24 所示。注意一般画对称形状时，以原点为对称轴，只用画出该形状一半的形态。

图 2-24　在 Top 试图使用【控制点曲线】画出电熨斗底面

（3）选中画好的曲线，使用【移动 ✥】里面的【镜像 ⬥】命令，小键盘输入 0，回车，确定原点。将【正交】打开，得到图形如图 2-25 所示。

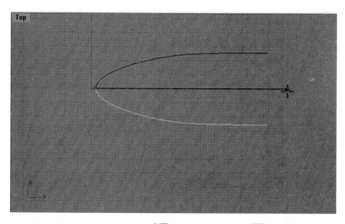

图 2-25　使用【移动 📍】里面的【镜像 🔄】命令

（4）使用【曲线圆角 🔃】里面的【衔接曲线 ∿】命令，将两条分离的曲线连接起来，如图 2-26 所示。

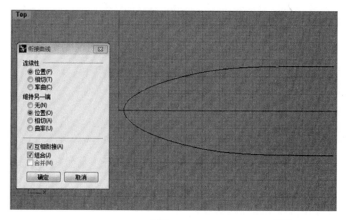

图 2-26　使用【曲线圆角 🔃】里面的【衔接曲线 ∿】命令

（5）将【物件锁点】工具条的【端点】捕捉打开，再打开【平面模式】，如图 2-27 所示。

图 2-27　将【物件锁点】工具条的【端点】捕捉打开，再打开【平面模式】

在 Perspective 视图中使用【控制点曲线】命令，捕捉到画好曲线的一个端点，在 Right 视图中画出，如图 2-28 所示。

（6）将【物件锁点】工具条的【四分点】捕捉打开，在 Front 视图中使用【控制点曲线】，画出如图 2-29 所示形状。

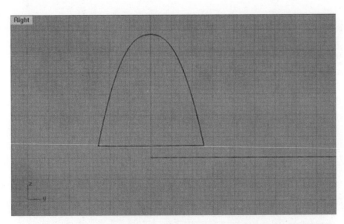

图 2-28　在 Perspective 视图中使用【控制点曲线】命令

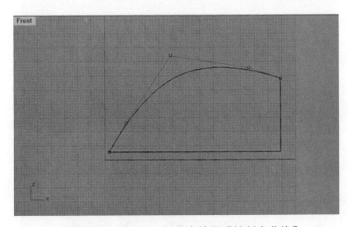

图 2-29　在 Front 视图中使用【控制点曲线】

（7）使用【三轴缩放　】里面的【单轴缩放　】命令，将整体的形状调节一下，如图 2-30 所示。

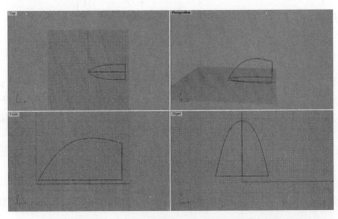

图 2-30　使用【三轴缩放　】里面的【单轴缩放　】命令

电熨斗形态制作如下。

（1）选中所有曲线，使用【曲面 】工具里面的【网格建立曲面 】命令，生成曲面，如图 2-31 所示。

提示：曲面已经生成出来后，面的正反面都一样的颜色，无法用肉眼区分面的正反面，所以要调节一下设置。

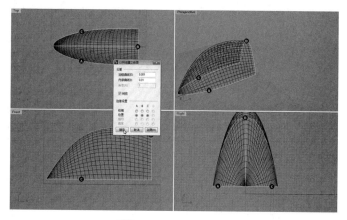

图 2-31　使用【曲面 】工具里面的【网格建立曲面 】命令

打开【选项】，依次点开【外观】——【高级设置】——【着色模式】。在【着色模式】显示的工作栏里面，找到【背面设置】，将下拉栏里面的【使用正面设置】换成【全部背面使用单一颜色】。再将【单一背面颜色】旁的颜色改变一下（注意选择亮一点的颜色，为了便于区分）。光泽度调成"50"，如图 2-32 所示。

图 2-32　打开【选项】

（2）在 Front 视图中，使用【控制点曲线】画出如图 2-33 所示图形。

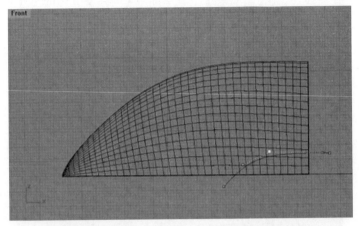

图 2-33　在 Front 视图中，使用【控制点曲线】

（3）选中曲线，使用【曲面 ✍】工具里面的【直线挤出 ▣】命令，将曲线拉伸成曲面，使用两侧方向拉伸，如图 2-34 所示。

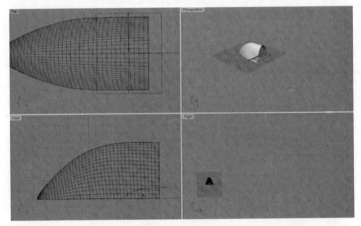

图 2-34　使用【曲面 ✍】工具里面的【直线挤出 ▣】命令

将顶端工作信息栏里面的【两侧】点成"是"，如图 2-35 所示。

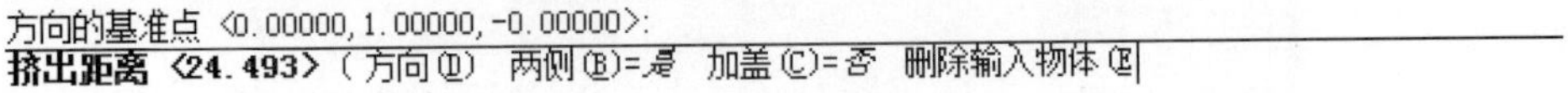

方向的基准点 〈0.00000,1.00000,-0.00000〉:
挤出距离 〈24.493〉（方向 ⒟）两侧 ⒝=是 加盖 ⒞=否 删除输入物体 ⒠

图 2-35　将顶端工作信息栏里面的【两侧】点成"是"

（4）曲面生成后，这时就要注意曲面的正反面，使用【分析方向 ▥】命令，将反面（有颜色的面）朝着要被修剪掉的部分，如图 2-36 所示。

图 2-36　使用【分析方向 】命令

（5）选中被修剪的物体。使用【分割 】命令，再点选曲面，如图 2-37 所示。

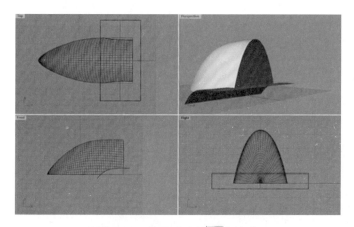

图 2-37　使用【分割 】命令

（6）使用【控制点曲线】连接两侧端点。如图 2-38 所示。

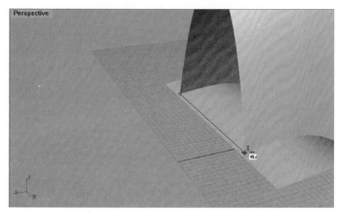

图 2-38　使用【控制点曲线】连接两侧端点

（7）使用【物件交集 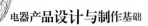】提取两曲面的交集线。如图 2-39 所示。

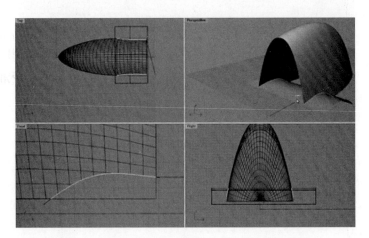

图 2-39　使用【物件交集 】提取两曲面的交集线

（8）使用【组合 】工具使四条曲线封闭起来，4 条曲线的端点一定相交，不然无法组合）。如图 2-40 所示。

图 2-40　使用【组合 】工具使四条曲线封闭起来

（9）使用【分割 】命令，用组合的线框减去曲面上多余的面。再使用【组合 】使两曲面合并在一起。如图 2-41 所示。

（10）使用【布尔运算差】里面的【不等距边缘圆角】命令。选中要倒圆角的曲线，按空格键确定后，再选中下端的控制点，改变要倒圆角的大小。如图 2-42 所示。

（11）使用以上方法，分别在电熨斗底面和尾部建面并倒圆角。电熨斗的形态如图 2-43 所示。

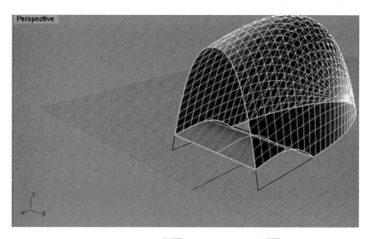

图 2-41　使用【分割　】命令和【组合　】命令

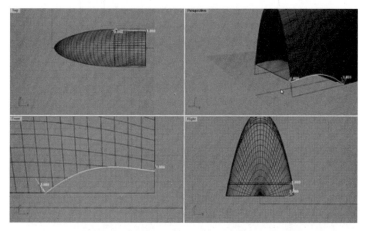

图 2-42　使用【布尔运算差】里面的【不等距边缘圆角】命令

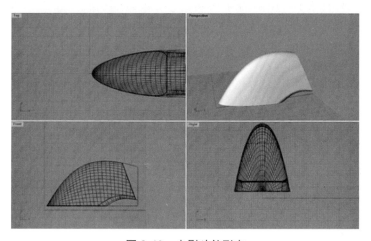

图 2-43　电熨斗的形态

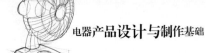
电熨斗细节制作如下。

1. 把手制作

（1）接着做电熨斗的把手。现在实体的侧面 Front 视图画出椭圆的环，选中椭圆用【3D 选择 】调整合适的角度。如图 2-44 所示。将椭圆进行缩放，变成一个小椭圆。

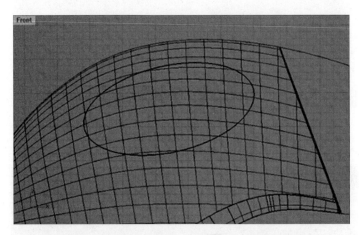

图 2-44　选中椭圆用【3D 选择 】调整合适的角度

（2）选中大圆，使用【拉伸】。选中拉伸的曲面再【分割】命令，分割电熨斗大形。得到如图 2-45 所示。

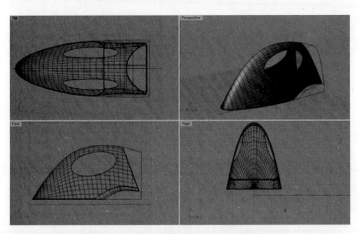

图 2-45　使用【拉伸】和【分割】命令

（3）用【曲面】里面的【矩形平面 】命令，任意地形成两个平面，其中一个平面通过【3D 选择】得到，并且这两平面都要与 3 个椭圆相交。如图 2-46 所示。

（4）使用【投影至曲面 】里面的【物件交集 】3 条曲线与两个平面相交形成 12 个点。如图 2-47 所示。

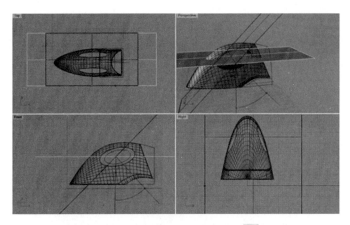

图 2-46　【曲面】里面的【矩形平面▦】命令

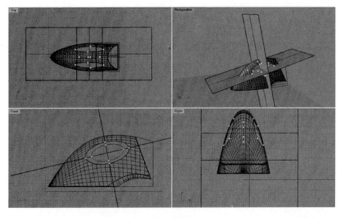

图 2-47　使用【投影至曲面🗄】里面的【物件交集◿】

（5）使用【曲线】工具分别依次串联起来。再用【编辑点➴】调节（注意要使每个点落在曲线上），如图 2-48 所示。

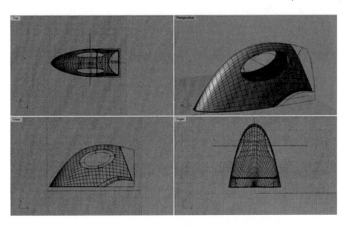

图 2-48　用【曲线】工具分别依次串联起来

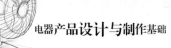

（6）使用【曲面 】工具里面的【网格建立曲面 】命令，如图 2-49 所示。

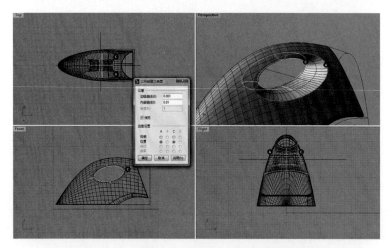

图 2-49　使用【曲面 】工具里面的【网格建立曲面 】命令

（7）选中两曲面的交接线，使用【实体】里面的【圆管】，如图 2-50 所示。

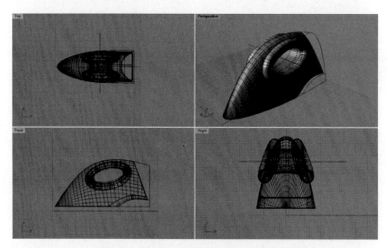

图 2-50　使用【实体】里面的【圆管】

（8）使用【分割】命令，如图 2-51 所示。

（9）使用【曲面】工具里面的【混接曲面】。注意混接曲面调整参数的大小关系。如图 2-52 所示。

2．其他细节制作

（1）在 Top 视图中画出按键形状，并【拉伸】和【倒圆角】。如图 2-53 所示。

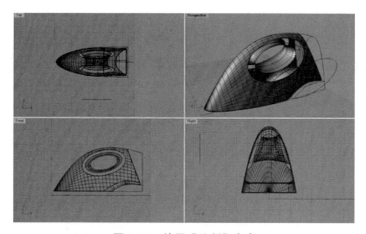

图 2-51　使用【分割】命令

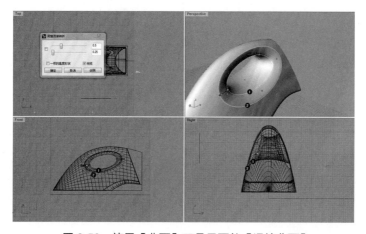

图 2-52　使用【曲面】工具里面的【混接曲面】

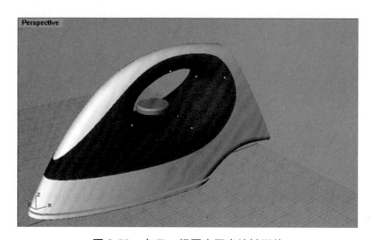

图 2-53　在 Top 视图中画出按键形状

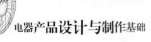

（2）在按钮上面加上一个椭圆形球体，如图 2-54 所示。

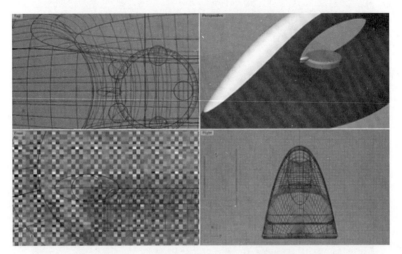

图 2-54　在按钮上面加上一个椭圆形球体

（3）选中椭圆体，使用【变动】里面的【环形阵列】命令。接着将【物件锁定】工具栏里面的【中心点】打开，找到按钮的中心点，将信息栏里面的【项目数】输入为【20】，制作出 20 个同样的椭圆体，如图 2-55 所示。

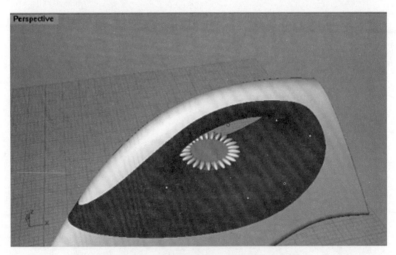

图 2-55　使用【变动】里面的【环形阵列】命令

（4）使用【实体】工具里面【布尔运算差集】。打开椭圆体并全部选中。如图 2-56 所示。

（5）综上所述使用相同的命令建立按钮。如图 2-57 所示。

（6）加上简单的材质，完成效果图如图 2-58 所示。

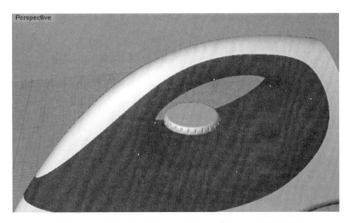

图 2-56　使用【实体】工具里面【布尔运算差集】

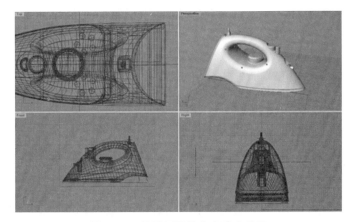

图 2-57　使用相同的命令建立按钮

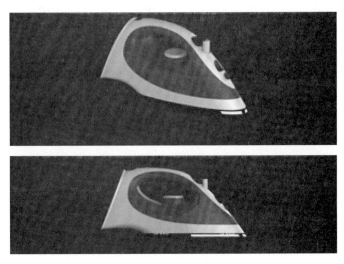

图 2-58　电熨斗效果图

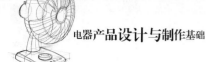

最后对电熨斗零件进行组装，如图 2-59 所示。

最终渲染效果图如图 2-60 所示。

图 2-59　电熨斗组装图

图 2-60　电熨斗效果图

2.6.6　设计流程

本实训是电熨斗产品整合创新设计，其如图 2-61 所示。

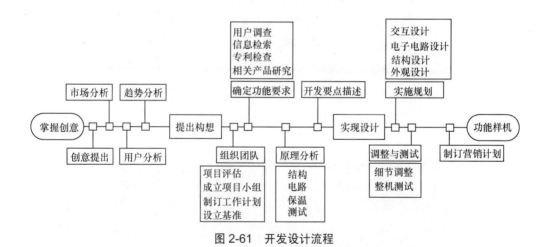

图 2-61　开发设计流程

2.7　小结

本章主要介绍了电熨斗的一些相关基础知识，包括电熨斗的发展历史、分类、工作原理、材料及其性能和技术参数，最后列举了几个优秀的典型设计案例，并对电熨斗的设计流程进行了简述，让读者从较深层次理解电熨斗的设计方法与制作过程。

2.8　思考与练习题

1．简述常用的电熨斗的基本工作原理。

2．任意选择你认为比较熟悉的电熨斗，详细分析其结构、材料选用与加工工艺特点。

3．去超市参观比较 3 款电熨斗的外观造型和颜色选用。

4．你认为家用电熨斗发展方向有哪些？

5．设计一款工业用电熨斗，主要针对工厂中的工作环境，进行人机上的改进和造型上的创新，以便使用更加方便。

03

第 3 章
灯具设计与制作基础

3.1　灯具概述

3.1.1　灯具的定义

灯具是指能透光、分配和改变光源光分布的器具，包括除光源外所有用于固定和保护光源所需的全部零、部件以及与电源连接所必需的线路附件。

3.1.2　灯具的历史、发展和现状

我国的灯具史是一幅卷帙浩繁的艺术长卷。在火光照明的历史时代里，中国的灯文化一直享有盛誉。在远古时代，人类渐渐地有意识地固定火源，这些用来固定火源的辅助设备经过不断改进和演变，就出现了专用于照明的事物——灯具。中国古代的灯具不但种类繁多，而且极具实用性和时代性，许多设计新颖、造型别致的灯具还是精美绝伦的艺术品。灯具不仅有陶质的、青铜质的，还有玉质的。

在秦代，灯具铸造极其华丽。两汉时期，我国的灯具制造工艺又有了新的发展，对战国和秦朝的灯具既有继承又有创新。在青铜灯具继续盛行，陶质灯具以新的姿态逐渐成为主流时，出现了铁灯和石灯；从造型上看，除了仿日用器形灯外，还出现了动物形象灯；从功用上看，不仅有座灯，还有行灯和吊灯。

魏晋南北朝至宋元时期，灯烛在作为照明用具的同时，也逐渐成为祭祀和喜庆等活动不可缺少的必备用品。在唐宋两代绘画，特别是壁画中，常见有侍女捧烛台或烛台正点燃蜡烛的场面。在宋元的一些砖室墓中，也常发现在墓室壁上砌出灯擎。

明清两代是中国古代灯具发展最辉煌的时期，最突出的表现是灯具和烛台的质地和种类更加丰富多彩。在质地上除原有的金属、陶瓷、玉石灯具和烛台外，又出现了玻璃和珐琅等材料的灯具。种类繁多、花样不断翻新的宫灯的兴起，更开辟了灯具史上的新天地。宫灯，顾名思义是皇宫中用的灯，主要是些以细木为骨架镶以绢纱和玻璃，并在外绘以各种图案的彩绘灯。在清代，宫灯由于珍贵，竟然成为皇帝奖赏王公大臣的赐物。《清朝野史大观》有载："定制岁暮时，诸王公大臣，皆有赐予。御前大臣皆赐岁岁平安荷包一、灯盏数对。"明清的宫灯主要以细木为框架，雕刻花纹，或以雕漆为架，镶以纱绢、玻璃或玻璃丝。宫灯作为我国手工业制作的特种工艺品，在世界上享有盛名，直到今天仍

能发现宫灯造型装饰。图 3-1 是古代灯具。

现代照明技术的不断进步，在满足灯具实用需求和最大限度地发挥光源功效的前提下，更注重灯具外观造型上的美观、舒适感、耐用等装饰性美学效果，由此形成了现代灯具发展的流行趋势。智能灯具照明系统是从 20 世纪 90 年代进入中国市场的，由于受市场的消费意识、市场环境、产品价格、推广力度等各方面的影响，其行业发展的趋势还较为缓慢。近年来，随着人们对新生事物接受能力的提高，智能灯具照明系统也逐渐走入人们的视线。

图 3-1　古代灯具

随着国外技术的引入，灯具行业出现了竞争激烈的局面，努力增加节能光源和不同档次、花样、不同用途的灯具开发，加快绿色、节能光源产品的开发、推广和应用是我国灯具行业结构调整的重点；打造自己的品牌是应对激烈竞争的重要课题。中国灯具行业面临着前所未有的机遇和挑战，而由此带来的巨大商业利益也成为灯具生产企业瞩目的焦点。

3.2　灯具的分类、造型和设计风格

3.2.1　灯具的分类

1. 按光通量的分布比例分类

根据国际照明委员会 CIE 的建议，按灯具光通量在上下空间分布的比例，可分为直接型、半直接型、漫射型（包括水平方向光线很少的直接—间接型）、半间接型和间接型。

（1）直接型灯具

此类灯具绝大部分光通量（90% ～ 100%）直接投射下方，所以灯具的光通量的利用率最高，但照明效果不理想。

（2）半直接型灯具

这类灯具大部分光通量（60% ～ 90%）射向下半球空间，少部分射向上方，射向上方的分量将反射下来，从而减少照明环境所产生的阴影，并改善其表面的亮度比。

（3）漫射型或直接—间接型灯具

灯具向上和向下的光通量几乎相同（各占 40% ～ 60%）。最常见的是乳白玻璃球形灯罩，其他各种形状漫射透光的封闭灯罩也有类似的配光。这种灯具将光线均匀地投向四面八方，能产生很好的照明效果。

（4）半间接型灯具

灯具向下光通量占（10% ～ 40%），向下分量往往只用来产生与天棚相称的亮度，此分量过多或分配不适当也会产生直接或间接眩光等一类缺陷。上面敞口的半透明罩属于这一类。它们主要作为建筑装饰照明，由于大部分光线投向顶棚和上部墙面，增加了室内的间接光，光线更为柔和宜人。

（5）间接型灯具

灯具的小部分光通（10% 以下）向下。如果设计较好时，全部天棚成为一个照明光源，达到柔和无阴影的照明效果，由于灯具向下光通很少，只要布置合理，直接眩光与反射眩光都很小。此类灯具的光通利用率比前面 4 种都低。

2. 按防触电保护分类

为了人身安全，灯具所有的带电部分必须采用绝缘材料等加以隔离。灯具这种保护人身安全的措施称为防触电保护。根据防触电保护方式，灯具可分为 0，Ⅰ、Ⅱ、Ⅲ，共 4 类。

（1）0 类

保护依赖基本绝缘——在易触及的部分及外壳和带电体的绝缘，适用安全程度高的场合，且灯具安装维护方便。如空气干燥、尘埃少、木地板等条件下的吊灯、吸顶灯。

（2）Ⅰ类

除基本绝缘外，易触及的部分及外壳有接地装置，一旦基本绝缘失效，不会有危险。用于金属外壳灯具，如投光灯、路灯、庭院灯等，提高安全程度。

（3）Ⅱ类

除基本绝缘外，还有补充绝缘，做成双重绝缘或加强绝缘，提高安全性。绝缘性好，安全程度高，适用于环境差、人经常触摸的灯具，如台灯、手提灯等。

（4）Ⅲ类

采用特低安全电压（交流有效值 < 50V），且灯内不会产生高于此值的电压，灯具安全程度最高，用于恶劣环境（如矿山、隧道施工）、金属容器的工作环境（如机床工作灯）、船舶制造、危险有限空间用灯、儿童用灯等特殊场所。

3.2.2 室内照明及家居灯具的功能造型

1. 吊灯

所有垂吊下来的灯具都归入吊灯类别，如图 3-2 所示。吊灯无论是以电线或以钢丝垂吊，都不能吊得太矮而阻碍人的正常视线或令人觉得刺眼。以饭厅的吊灯为例，理想的高度是要在饭桌上形成一池灯光，但又不会阻碍桌上众人互望的视线。现在的吊灯吊支已装上弹簧或高度调节器，以便适合不同高度的需要。

2. 吸顶灯

安装在房间内部，由于灯具上部较平，紧靠屋顶安装，好像是吸附在屋顶上一样，所以称为吸顶灯，如图 3-3 所示。吸顶灯常用的有方罩吸顶灯、圆球吸顶灯、尖扁圆吸顶灯、半圆球吸顶灯、半扁球吸顶灯、小长方罩吸顶灯等。吸顶灯适合于客厅、卧室、厨房、卫生间等处照明。

图 3-2　吊灯

图 3-3　吸顶灯

3. 落地灯

落地灯常用作局部照明，不讲全面性，而强调移动的便利，对于角落气氛的营造十分实用，如图 3-4 所示。落地灯的采光方式若是直接向下投射，适合阅读等需要精神集中的活动；若是间接照明，可以调整整体的光线变化。落地灯的灯罩下边一般应离地面 1.8 m 以上。

4. 壁灯

壁灯适合于卧室、卫生间照明，如图 3-5 所示。常用的有双头玉兰壁灯、双头橄榄壁灯、双头鼓形壁灯、双头花边杯壁灯、玉柱壁灯、镜前壁灯等。对于壁灯的安装高度，其灯泡应离地面不小于 1.8 m。

图 3-4　落地灯　　　　　　　　　　　图 3-5　壁灯

5. 筒灯

筒灯一般装设在卧室、客厅、卫生间的周边天棚上，如图 3-6 所示。这种嵌装于天花板内部的隐置性灯具，所有光线都向下投射，属于直接配光。可以用不同的反射器、镜片、百叶窗、灯泡，来取得不同的光线效果。筒灯不占据空间，可增加空间的柔和气氛，如果想营造一个温馨的感觉，试着装设多盏筒灯，可以减轻空间压迫感。

6. 射灯

射灯可安置在吊顶四周或家具上部，也可置于墙内、墙裙或踢脚线里，如图 3-7 所示。光线直接照射在需要强调的家什器物上，以突出主观审美作用，达到重点突出、环境独特、层次丰富、气氛浓郁、缤纷多彩的艺术效果。射灯光线柔和，雍容华贵，既可对整体照明起主导作用，又可局部采光，烘托气氛。

图 3-6　筒灯　　　　　　　　　　　　图 3-7　射灯

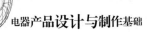

7. 节能灯

节能灯的亮度、寿命比一般的白炽灯泡优越，尤其是在省电上口碑极佳，如图 3-8 所示。节能灯有 U 型、螺旋型、花瓣型等，功率从 3 W 到 40 W 不等。不同型号、不同规格、不同产地的节能灯的价格和质量相差很大。筒灯、吊灯、吸顶灯等灯具中一般都能安装节能灯。节能灯一般不适合在高温、高湿环境下使用，浴室和厨房应尽量避免使用节能灯。

8. 浴霸

浴霸按取暖方式分灯泡红外线取暖浴霸和暖风机取暖浴霸，市场上主要是灯泡红外线取暖浴霸。按功能分有三合一浴霸和二合一浴霸。三合一浴霸有照明、取暖、排风功能；二合一浴霸只有照明、取暖功能。按安装方式分暗装浴霸、明装浴霸、壁挂式浴霸，暗装浴霸比较漂亮，明装浴霸直接装在屋顶上，一般不能采用暗装和明装浴霸的才选择壁挂式浴霸。如图 3-9 所示。

图 3-8　节能灯

图 3-9　浴霸

3.2.3　灯具的设计风格

按照灯具的风格，可以简单分为欧式、美式、中式、现代 4 种不同的风格，这 4 种类别的灯饰各有千秋。

1. 欧式灯

与强调华丽的装饰、浓烈的色彩、精美的造型以达到雍容华贵装饰效果的欧式装修风格相近，欧式灯注重曲线造型和色泽上的富丽堂皇。有的灯还会以铁锈、黑漆等故意造出斑驳的效果，追求仿旧、仿古的感觉。从材质上看，欧式灯多以树脂和铁艺为主。其中树脂灯造型很多，可有多种花纹，贴上金箔银箔显得颜色更加亮丽、色泽更加鲜艳；铁艺等造型相对简单，但更有质感。

2．美式灯

与欧式灯相比，美式灯似乎没有太大区别，其用材一致，美式灯依然注重古典情怀，只是风格和造型上相对简约，外观简洁、大方，更注重休闲和舒适感。其用材与欧式灯一样，多以树脂和铁艺为主。

3．中式灯

与造型讲究对称、精雕细琢的中式装修风格相比，中式灯也讲究色彩的对比，图案多为清明上河图、如意图、龙凤、京剧脸谱等中式元素，强调古典和传统文化神韵的感觉。中式灯的装饰多以镂空或雕刻的木材为主，宁静古朴。其中，仿羊皮灯光线柔和，色调温馨，装在家里，给人以温馨、宁静的感觉。仿羊皮灯主要以圆形与方形为主。圆形的灯大多是装饰灯，在家里起画龙点睛的作用；方形的仿羊皮灯多以吸顶灯为主，外围配以各种栅栏及图形，古朴端庄，简洁大方。中式灯具一定要具有比较强烈的中国文化元素和符号。

4．现代灯

简约、另类、追求时尚是现代灯的最大特点。其材质一般采用具有金属质感的铝材、另类气息的玻璃等，在外观和造型上以另类的表现手法为主，色调上以白色、金属色居多，更适合与简约现代的装饰风格搭配，此类灯具往往不拘一格。

3.3　灯具工作原理、结构、材料和加工工艺

3.3.1　台灯的工作原理和结构

自动调光台灯如图 3-10 所示。

台灯的电路示意如图 3-11 所示。当开关 S 拨向位置 2 时，它是一个普通调光台灯。滑动变阻器 RP、电容 C 和氖泡 N 组成弛张振荡器，用来产生脉冲触发晶闸管 VT。一般氖泡辉光导通电压为 60～80V，当电容 C 充电到辉光电压时，N 辉光导通，VT 被触发导通。调节 RP 能改变电容 C 充电速率，从而能改变 VT 导通角，达到调光的目的。R_2、R_3 构成分压器通过 VD5 向电容 C 充电，改变 R_2、R_3 分压也能改变 VT 导通角，使灯的亮度发生变化。

图 3-10　自动调光台灯

当 S 拨向位置 1 时,光敏电阻 RG 取代 R₃,当周围光线较弱时,RG 呈现高电阻,VD5 右端电位升高,电容 C 充电速率加快,振荡频率变高,VT 导通角增大,电灯两端电压升高、亮度增大。当周围光线增强时,RG 电阻变小,与上述相反,电灯两端电压变低,亮度减小。

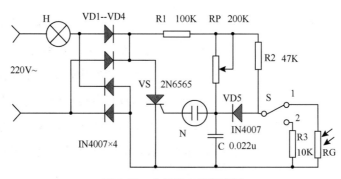

图 3-11　台灯的电路示意图

　　这个自动调光台灯能根据周围环境照度强弱自动调整台灯发光量。当环境照度弱,它发光亮度就增大;环境照度强,发光亮度就减小。

　　在台灯的结构方面,大多数的工艺台灯是由灯座和灯罩两部分组成。灯座由塑料、陶瓷、石料、景泰蓝、竹编、大理石等材料制作。灯罩现在用的基本上是酚醛树脂和有机玻璃(较高级),还有用陶瓷的。对于台灯的双层灯罩,内罩和外罩在选择材料上的要求有所区别。外罩主要起到保护和美观的作用,要选结实而美观的材料;内罩主要用于反光,起集光作用,使光不会散得太开,要选透光差,反光好的材料。内罩因为长时间接触灯泡的高温作用,容易老化,变硬变脆,很容易烤焦而着火,因此材料的选择一定要注意。总的来说,设计灯罩时一定要注意其耐温性能和散热性能。如图 3-12 所示。

图 3-12　灯罩

3.3.2　公用灯的工作原理和结构

　　公用照明灯按用途分为高杆灯、路灯、庭院灯、景观灯、组合灯、草坪灯、广场灯、地埋灯等。

　　下面以太阳能路灯为例进行介绍，如图 3-13 所示。它的系统工作原理比较简单，利用光伏效应原理制成的太阳能电池充当电源，如图 3-14 所示。白天，太阳能电池板接收太阳辐射能并转化为电能输出，经过充放电控制器储存在蓄电池中；夜晚，当照度逐渐降低至 10 lx 左右、太阳能电池板开路电压为 4.5 V 左右，充放电控制器动作，蓄电池对灯头放电。蓄电池放电 8.5 h 后，充放电控制器动作，蓄电池放电结束。充放电控制器的主要作用是保护蓄电池。

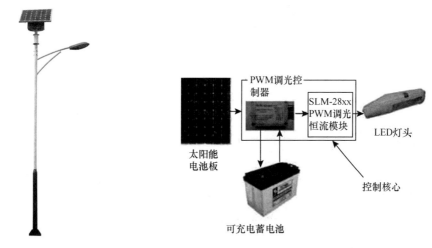

图 3-13　太阳能路灯　　　　　　　图 3-14　太阳能路灯系统工作原理图

　　LED 路灯工作原理即是利用发光二极管照明，发光二极管是一种半导体固体发光器件。它是利用固体半导体芯片作为发光材料，在半导体中通过载流子发生复合，放出过剩的能量而引起光子发射，直接发出红、黄、蓝、绿、青、橙、紫、白色的光。LED 路灯就是利用 LED 作为光源制造出来的道路照明灯具。

　　与常规高压钠灯路灯不同的是，大功率 LED 路灯的光源采用低压直流供电，使用高效白光二极管，具有高效、安全、节能、环保、寿命长、响应速度快、显色指数高等独特优点，可广泛应用于城市道路照明。如图 3-15 所示。

图 3-15　LED 路灯

3.3.3　高频等离子体放电无极灯的工作原理和结构

　　高频等离子体放电无极灯（以下简称无极灯）则是通过把高频电磁能以感应方式耦

合到灯泡内，使灯泡内的气体雪崩电离形成等离子体，等离子体受激原子返回基态时自发辐射出 254 nm 的紫外线，灯泡内壁的荧光粉受紫外线激发而发出可见光。如图 3-16 所示。

图 3-16　高频等离子体放电无极灯

无极灯寿命达数万小时，高效节能，可广泛用于厂房、车站、码头、机场、隧道、广场、公路、灯光工程等照明场所。尤其适合在照明可靠性要求较高，需要长时间照明而维修、更换灯具困难的场所。无极灯具有的高显色性、瞬时启动、无闪烁等优良特性，不但能减少光源对人眼的危害，还可以提高照明质量，实现绿色照明，从而改善人们生活质量。高频等离子体放电无极灯内部结构示意如图 3-17 所示。

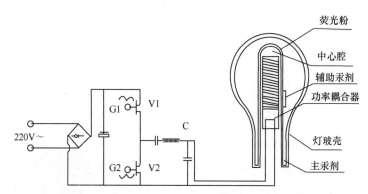

图 3-17　高频等离子体放电无极灯内部结构示意图

3.3.4　灯具的主要材料和加工工艺

灯具的主要材料包括碳素钢、合金钢、铝及铝合金、铜及铜合金、锌及锌合金、铁通、玻璃、塑胶料等。

1. 金属材料的加工工艺特点

（1）铝及铝合金

铝及铝合金的材质轻，易加工，耐腐蚀。灯具上反光片，反光杯等可用此材料。表面有哑面、光面、镜面、凹凸面。

（2）铜及铜合金

铜及铜合金的材质软，易切削，易焊接，易电镀，但价格较贵，若尺寸稍大而且订单也大时，可改用锌合金。一般铆料铜或铜带可用黄铜，接头也有用铸铜（质脆），导电片、导电爪、小弹片可用磷铜。

（3）铁通

铁通的加工有弯曲、局部镦粗、收口、焊接、钻孔、攻螺纹等。由于加工后内部毛刺很难去除，容易割伤电源线和引线，所以要加护线胶套、黄蜡管或纤维管进行保护。表面处理有喷油、喷粉及电镀。

2. 灯具玻璃的加工方法

（1）玻璃人工吹制

吹制也需要模具，主要用于控制外形尺寸，但不能控制内形尺寸及重量，吹制可做两头小中间大的玻璃，也可做两层玻璃，如内白玉外透明。还可在外面贴玻璃花。也可吹制方形或枕形。吹制就像吹气球一样，但常用的玻璃为两端开口或一端开口，即需要锯掉一部分。有时也需要钻孔，但易钻裂，在工艺设计时需要特别注意。

（2）机压玻璃

机压玻璃跟塑料注射成型一样，涉及模具同玻璃的分模问题，所以不能做到两头小中间大或形状复杂的玻璃。玻璃内外形尺寸可控制得较好，玻璃厚度较厚，重量较重。只能做一种颜色，可加入云彩。如做内白就只能喷釉。

（3）烤弯玻璃

原材料为平板玻璃，加热软化再使其变形成瓦片状或球面。吸顶灯常用到这类玻璃。

（4）玻璃管的加工

原料为约 2 m 的玻璃管切断后再加工，可进行再吹制、封口、加工内螺纹、弯曲或将大小管烧结接成内外管状。

（5）玻璃表面处理

玻璃表面处理包括酸洗、喷砂、喷釉、镀膜、镀银。酸洗是放在酸中浸泡，所以内外都会变毛；喷砂则可内喷砂、外喷砂或局部喷砂工艺，但内径太小时比较难做；喷釉要注意釉材料能承受的温度和附着力。

3.4 灯具主要技术指标和性能参数

3.4.1 灯具的主要技术指标

灯具安全标准国内主要有《GB 7000.1-2007 灯具 第1部分：一般要求与试验》；国际标准主要有 IEC60598、EN60598、AS60598、NZS60598、UL1598、UL588、UL153 等。灯控制器的安全标准主要有国内的《GB 19510.1-2009 灯具控制装置 第1部分：一般要求和安全要求》；国际标准有 IEC61347、EN61347、AS61347、NZS61347、UL936 等。

3.4.2 优质节能灯的主要性能参数

优质节能灯的性能参数包括电参数和光参数。

电参数主要包括电压范围、功率范围、功率因数等。要求产品在生产和使用时符合安全规定、电磁干扰及电磁兼容 EMC 的规定要求，同时电子镇流器的工作频率须避让家用电器的遥控频率，符合在高温环境和低温环境下的稳定、可靠的工作要求。

光参数主要有光效、光通量要求，要求色温偏差小，一致性好。节能灯的启动时间小于或等于 1 s。有效寿命 8 000 h 以上，照明维持率达到 70% 以上。在有效寿命期内高温 85℃环境及低温 -20℃环境条件下，应能稳定、可靠地工作，并且在上述条件下耐电压波动的冲击。

3.5 典型产品设计

3.5.1 瑞典台灯设计

图 3-18 是一款来自瑞典的品牌灯具。这款台灯主要由 3 个部件组成，底座的铁块让人感到稳定，手臂部分的木材给人以温暖，灯罩部分的陶瓷和光线感官相连。与传统的金属材质的台灯相比，这款台灯虽然也是工业产品，却表现出手工艺化的美学特征。消费者为什么会喜欢这样手工艺美学特征的设计呢？有时候它看上去比较业余，甚至会

担心其中的价值含量。简单来说是物极必反的平衡发展原理，单从美学感受来说，也许它更富文艺性。

图 3-18　一款瑞典台灯

3.5.2　美国LED台灯设计

图 3-19 的 LED 台灯由美国的 Herman Miller 推出。两片铝制叶子通过一个简单的铰链连接，顶端三排突起的孢子形状安装了 20 个 LED 灯，每个突起中有一个细孔为灯泡提供散热，头部和颈部也有散热通道让热量可以传递到底座上得到散发，由于这种高效的散热设计，用户可以随时操作灯。底座有一个调光器，可以调整光的亮度和颜色，也可以根据个人喜好来更换灯头。它比普通灯泡节约 40% 左右的能量，寿命为 10 万小时。

图 3-19　一款美国 LED 台灯

这样的令人着迷的设计仿佛把人们带到了未来，产品有一种非常恰当而舒适的平衡，商业化和原创设计之间、技术和形式之间、相对飘渺的品牌文化和可触及的设计吸引力之间……流线的形态如此优雅、苗条。

3.5.3 宁波柏斯莱特路灯设计

柏斯莱特是中国台湾最大的绿色照明节电产品供应商，2009 年创建宁波柏斯莱特节能电子有限公司，主营各类无极灯具。这里介绍两款该厂家较为经典的无极道路灯 BES-LD5 和 BES-LD11，分别如图 3-20 和图 3-21 所示。

图 3-20　无极道路灯 BES-LD5

图 3-21　无极道路灯 BES-LD11

BES-LD5 道路灯以 3 种清新明快的颜色搭配，造型上好似一组扬帆远航的帆船，充满动感，设计寓意很好地契合了沿海城市的特征和气质。

在材料及工艺方面采用铝合金旋压外壳，压铸铅灯体，静电喷塑；灯具面罩采用聚碳酸酯材料，具有耐高温、抗老化、透光率高等特点；灯具反光器采用高纯度铝制成，经电化抛光处理，具有高反射率和稳定的光学性能。

BES-LD11 道路灯在设计理念上与 BES-LD5 相呼应，外观造型抽象于海螺形态，充满亲和力和流线的时代感，设计寓意同样吻合沿海城市的特征和气质。

在材料及工艺方面，灯具外壳压铸成型；反射器采用高纯度铝板；上掀盖平台操作，便于维修；内换泡结构，优质的防尘防水性能；高透明的钢化玻璃罩，透光性好，强度高。

3.6 灯具设计实训

台灯是人们生活中用来照明的一种常用家用电器，其形状风格各异。通过对台灯的市场调研、设计要求与设计定位，将优缺点进行归纳，要求设计出一款具有欧式风格的台灯，适用于采用欧式风格装修的家庭或者办公室等场所使用。

3.6.1　市场调研、设计要求与设计定位

目前国内市场上的台灯种类繁多、琳琅满目，消费者主要依据使用功能的需求、使用环境的要求、审美喜好的追求以及品牌的口碑来选择产品。

欧式风格按不同的地域文化可分为北欧、简欧和传统欧式。欧式风格的主要特点是华丽的装饰、浓厚的色彩、精美的造型、精致的材质、精细的工艺。判断设计作品所属风格的标准：一是形式；二是人文。针对具体的设计要求，采取摒弃烦琐的装饰，运用抽象简化了的古典曲线造型、颇具现代感的金属材质灯身和 PVC 灯罩结合的设计手法，打造符合现代都市人审美意识的欧式台灯，产品力求体现高贵、典雅的气质。产品的尺寸、比例应符合一般用户的使用习惯和使用环境要求。

本设计实训的定位是一款具有欧式风格的台灯，要求符合采用欧式风格装修的家庭或者办公室等场所的使用。

3.6.2　方案与设计草图

在设计草图初期，先对市场现有台灯的外观造型进行对比评价，找出其优缺点。再按照所设定的要求进行初步创作。初期草图主要通过改变不同灯罩的尺寸、其他造型及相互配合，来尝试不同的效果，最终确定设计效果图。台灯设计草图如图 3-22 所示。

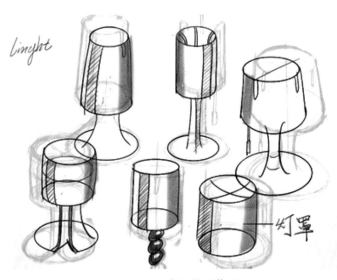

图 3-22　台灯设计草图

電器産品設計与制作基礎

3.6.3　台灯三維模型的建立

3.6.3.1　台灯造型表現的方法与要素

本実例要表現的台灯外観如図 3-23 所示。

3.6.3.2　建立台灯模型的主要流程

如図 3-24 所示，此台灯的設計流程与第 1 章中的電風扇設計流程類似，但市場分析、設計定位和用戸分析要根拠此灯具具体的設計要求以及目標用戸而定。

図 3-23　渲染效果図

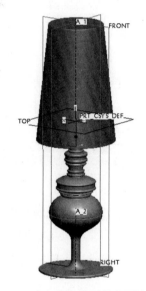

図 3-24　建立台灯模型的主要流程

台灯設計与制作如下。

1．灯罩制作

（1）在制作台灯模型前，首先要打開【物件鎖点】中的端点等。按画線需求打開不同的鎖点。如図 3-25 所示。

| ☑端点 | ☐最近点 | ☐点 | ☑中点 | ☑中心点 | ☑交点 | ☑垂直点 | ☐切点 | ☑四分点 | ☐節点 | ■投影 | ☐智慧軌跡 | ☐停用 |

図 3-25　打開【物件鎖点】中的端点等

（2）画線。在 Front 視図中使用【多重直線 ⋀】工具。如図 3-26 所示。

（3）使用【曲面】工具里面的【旋転成形 ⬤】命令。首先選中要旋転的曲線，再選択旋転軸的起点。如図 3-27 所示。

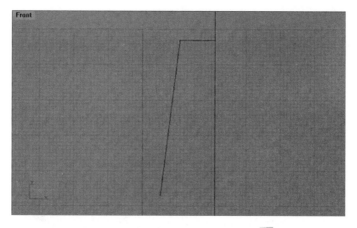

图 3-26　在 Front 视图中使用【多重直线 ⟋】工具

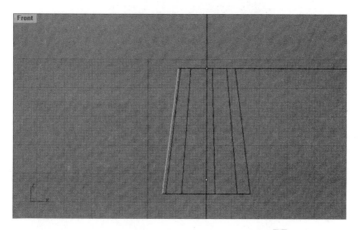

图 3-27　使用【曲面】工具里面的【旋转成形 ⚐】命令

（4）使用【曲面】工具里的【偏移曲面 ⚙】命令，做灯罩的厚度。如图 3-28 所示。

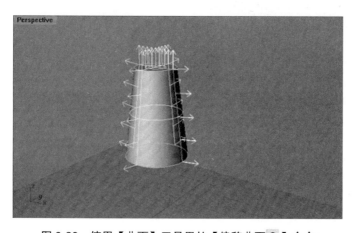

图 3-28　使用【曲面】工具里的【偏移曲面 ⚙】命令

（5）输入要偏移的距离和选择偏移方向，如图 3-29 所示。

偏移距离 <1.000> （全部反转(F) 实体(S) 松弛(L) 公差(T)=0.001 F

图 3-29　输入要偏移的距离和选择偏移方向

（6）接着要将两曲面连接起来，应用【曲面】工具里面的【混接曲面 🔗】工具。如图 3-30 所示。

图 3-30　应用【曲面】工具里面的【混接曲面 🔗】工具

（7）灯罩大型制作完成。如图 3-31 所示。

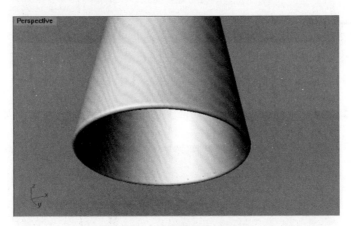

图 3-31　灯罩大型制作完成

2. 灯座大型制作

（1）在 Front 视图上，使用【控制点曲线 ❏】和【多重直线 ∧】命令相结合，画线。如图 3-32 所示。

（2）使用【曲面】工具里面的【旋转成形 ❣】命令。首先选中要旋转的曲线，再选择旋转轴的起点。如图 3-33 所示。

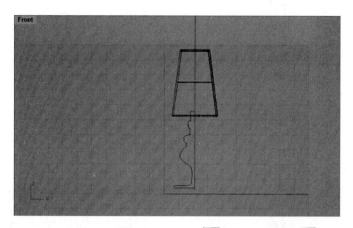

图 3-32　在 Front 视图上，使用【控制点曲线】和【多重直线】命令相结合

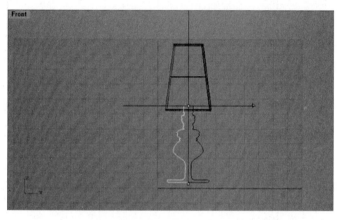

图 3-33　使用【曲面】工具里面的【旋转成形】命令

（3）在 Top 视图上，使用【曲面】工具里面的【矩形平面】命令，并调整到相应的位置。如图 3-34 所示。

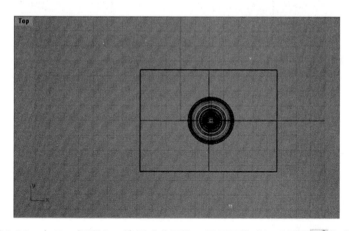

图 3-34　在 Top 视图上，使用【曲面】工具里面的【矩形平面】命令

（4）使用【实体】工具里面的【布尔运算分割 】命令，在一定的位置上，将底座分割成两个部分。如图 3-35 所示。

图 3-35　使用【实体】工具里面的【布尔运算分割　】命令

（5）将分割成两部分的曲面变成实体，使用【实体】工具里的【将平面洞加盖 】命令，再选择要加盖的曲面。如图 3-36 所示。

图 3-36　使用【实体】工具里的【将平面洞加盖　】命令

（6）使用【实体】工具里面的【不等距边缘圆角 】命令，选择要倒圆角的实体边缘线。（注意圆角倒的大小与整体的比例）如图 3-37 所示。

（7）使用倒圆角等命令，将实体的边缘线进行修饰，制作完的灯具模型如图 3-38 所示。

（8）将制作好的模型加以简单的渲染，得到的效果图如图 3-39 所示。

图 3-37　使用【实体】工具里面的【不等距边缘圆角 】命令

图 3-38　制作完的灯具模型

图 3-39　渲染效果图

3.7　小结

通过本章内容的学习，读者了解到灯具设计与制作过程中一些基础的相关知识，常见典型灯具的结构、原理及设计风格的相关知识，为灯具设计提供了一些参考。

3.8　思考与练习题

1．搜集、整理不同国家和地区的路灯风格，分析不同风格和城市环境的搭配和协调。

2．叙述自动调光台灯和半导体 LED 照明灯的基本工作原理。

3．以你熟悉的台灯为例，详细分析其结构特点、材料选用及加工工艺。

4．分析常见的 3 种半导体 LED 照明灯的设计特点。

5．设计一款带有中国现代风格的灯具，考虑与时尚家居环境配合。

04

第 4 章

豆浆机设计与制作基础

4.1 豆浆机概述

4.1.1 豆浆机的定义

豆浆机是通过电动机的高速旋转，带动刀片对黄豆、大米等谷物，进行强力的打击、搅拌、切割、研磨、加热，并辅以微电脑控制搅拌环节，实现全自动化制取新鲜即饮的豆浆、浓汤等饮品的小型家用电器。

豆浆机一般由电动机、电热元件、粉碎装置、容器、控制电路等部件组成。

4.1.2 豆浆机的历史、发展和现状

提及豆浆机，不得不简单讲述一下豆浆的起源。豆浆起源于中国，流传久远，最早的豆浆记录是在一块中国出土的石板上，石板制作大约为公元25—220年，上面刻有古代厨房中正在制作豆浆的情况。一般认为豆浆的起源是2 000多年前西汉孝子淮南王刘安于母亲患病期间，每日用泡好的黄豆磨成豆浆给母亲饮用，刘母的病渐渐好转，豆浆也随之传入民间。《本草纲目》记载："豆浆，利气下水，制诸风热，解诸毒"。《延年秘录》上也记载豆浆"长肌肤，益颜色，填骨髓，加气力，补虚能食"。也就形成了传统"选豆—泡豆—磨豆"的制豆浆工序，形成了传统的豆浆文化。图4-1为传统制豆浆使用的石磨。

相对传统的石磨制豆浆工艺，目前市面上也有一种手摇式豆浆机，价格低廉。如图4-2所示。

图4-1　传统制豆浆石磨

图4-2　手摇豆浆机

　　饮用豆浆在我国已经有两千年的历史，但真正具有现代意义的豆浆机在 20 纪末才出现。在短短 10 多年的时间，豆浆机从第一代的细网技术发展到第三代无网技术。第一代和第二代豆浆机分别在机体内配置细网孔和大网孔，由于网罩的存在，存在一些卫生死角，清洗不干净，残留物发酵，存在健康隐患；而且需旋下清洗网罩，容易造成机头下盖螺纹老化，网罩脱离。2008 年 2 月，国内第一台无网豆浆机问世，并获得国家实用新型专利，豆浆机进入无网时代，并且采用最新的聚流技术，使得刀头在旋转过程中形成最大聚流动力，用微机对电动机转速进行控制，大豆得到更加均匀的研磨，营养成分充分释放。因此，新一代豆浆机具有更方便、实用、经济和卫生等特点，能够满足消费者的需要。

　　图 4-3 所示的第一代细网豆浆机的细网罩有底网，不便于清洗；图 4-4 所示的第二代大网孔豆浆机采用大网孔；图 4-5 所示的第三代采用无网底的拉法尔网，匹配强力旋风刀片。

图 4-3　第一代细网豆浆机

图 4-4　第二代大网孔豆浆机

图 4-5　第三代无网底豆浆机

4.2　豆浆机的分类、工作原理和结构

4.2.1　豆浆机的分类

按结构形式分类有：电动机上置式，其电动机位于粉碎容器液面上方，如图 4-6 所示；电动机下置式，其电动机位于粉碎容器液面下方，如图 4-7 所示；电动机侧置式，其电动机位于粉碎容器侧面。

图 4-6　电动机上置式豆浆机

图 4-7　电动机下置式豆浆机

按功能分类有单功能豆浆机、五谷豆浆机、果蔬豆浆机、米糊豆浆机和其他豆浆机。按加热形式分类有电热管加热豆浆机、电热盘加热豆浆机、电磁加热豆浆机、蒸汽加热豆浆机及其他加热方式豆浆机。

目前市面上的豆浆机多以电动机上置式为主，水果豆浆机多以电动机下置式为主。此处主要讨论电动机上置式豆浆机。

4.2.2　豆浆机的工作原理

豆浆机由粉碎黄豆的搅拌机、豆浆加热器和控制电路三大部分组成。先通过电动机带动转叶（刀片）把黄豆打碎成粉末状态；然后把水加热，一般都是先把水温加热到80℃再打浆、熬浆；最后再经过一段时间的加热煮沸，即成豆浆。目前，市面上用单片机控制的全自动豆浆机控制系统原理如图 4-8 所示，只要按下启动按键，豆浆机就开始工作，一会就能喝到既营养又美味的豆浆。一般豆浆机的预热、打浆、煮浆等全自动化过程，都是通过 MCU（单片机）控制的，再由多个继电器组成的继电器组实施电路转换来完成，同时电动机的运转也由单片机控制。豆浆机中的 3 个传感器分别测量水位、测溢出、测温度。豆浆机按键用于控制豆浆机的工作状态，在工作时有加热和降功率加热两种加热方式。同时，蜂鸣器用于报警，指示灯用于提示报警。

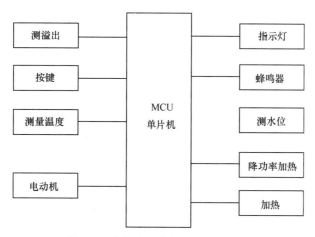

图 4-8 全自动豆浆机控制系统原理

目前市面上的豆浆机所具有的基本功能有单独加热、单独粉碎、自动工作、无水报警、降功率加热、自动检测等。单独加热功能可实现单独加热，并允许随时停止加热。单独粉碎具有单独粉碎功能。自动工作是指在有水的情况下，电热管开始加热，当水温上升到 82℃时，停止加热，电动机开始工作。然后继续加热，当豆浆机产生的泡沫碰到防溢电极时，转为降功率加热，加热几分钟后便结束并报警。全过程处于无水报警，停止工作状态是指在单独加热、单独粉碎、自动工作期间，任何时刻提起豆浆机，都会停止工作并报警。当重新将豆浆机放下，便会恢复以前的工作状态。自动检测是指豆浆机具有自动检测水位、溢出、温度的功能。

目前常见的豆浆机制浆原理有网罩式和无网式。网罩式豆浆机的网罩用于盛豆子，过滤豆浆，实际工作时，电机带动刀片旋转，形成涡流，刀片在涡流中切割豆子并与杯体内壁发生碰撞，形成回流，如此循环往复，总地来说，就是旋转—涡流—切割—碰撞—回流—循环，如图 4-9 所示。无网式制浆的原理是旋转—涡流—转动—反弹—切割—循环，如图 4-10 所示。无论是网罩式还是无网式，豆浆机的工作步骤相同：预热、打浆、煮浆、延煮。

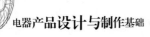

图 4-9　网罩式制浆原理

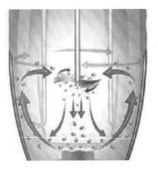

图 4-10　无网式制浆原理

图 4-11 是无网式与网罩式的结构比较。

图 4-11　无网式与网罩式结构比较

4.2.3　豆浆机的结构

豆浆机采用微机控制，实现预热、打浆、煮浆和延时熬煮过程全自动化，特别是由于增设了"文火熬煮"处理程序，使豆浆营养更加丰富，口感更佳。豆浆机结构如图 4-12 所示。

1．杯体

杯体像一个硕大的茶杯，有把手和流口，主要用于盛水或豆浆。有的杯体用塑料制作，有的用不锈钢或聚碳酸酯材质制作。设计时以选择不锈钢杯体为宜，主要是便于清洁。在杯体上标有"上水位"线和"下水位"线，以此规范对杯体的加水量。杯体的上口沿恰好套住机头下盖，对机头起固定和支撑作用。

2．机头

机头是豆浆机的总成，除杯体外，其余各部件都固定在机头上。机头的外壳分上盖和下盖。上盖有提手、工作指示灯和电源插座；下盖用于安装各主要部件，在下盖上部即机头内部，安装有电脑板、变压器和打浆电机，下盖的下部有加热器、刀片、网罩、防溢电极、温度传感器以及防干烧电极。

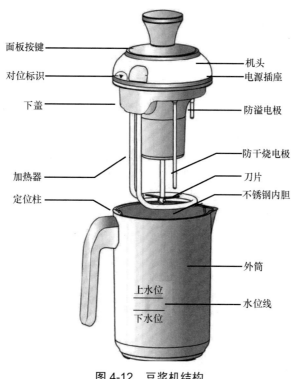

图 4-12　豆浆机结构

3．电加热器

电加热器的加热功率为 800 W，采用不锈钢材质，用于加热豆浆。电加热管下半部应设计为小半圆形，易于洗刷和装卸网罩。

4．防溢电极

防溢电极用于检测豆浆沸腾程度，防止豆浆益出。它的外径为 5 mm，有效长度为 15 mm，位于杯体上方。为保障防溢电极正常工作，必须及时对其清洗干净，同时豆浆不宜太稀，否则防溢电极将失去防护作用，造成溢杯。

5．温度传感器

温度传感器用于检测"预热"时杯体内的水温，当水温达到设定温度（一般要求 80℃左右）时，启动电动机开始打浆。

6．防干烧电极

该电极并非独立部件，而是设计在温度传感器的不锈钢外壳内。防干烧电极的外壳外径 6 mm，有效长度 89 mm，长度比防溢电极长很多，可插入杯体底部。杯体水位正常时，防干烧电极下端应浸泡在水中。当杯体中水位偏低或无水，或机头被提起，并使防干烧电极下端离开水面时，MCU（单片机）通过防干烧电极检测到此状态，为保证安全，将停止豆浆机工作。

7. 刀片

刀片的外形酷似船舶螺旋桨，为高硬度不锈钢材质，用于粉碎豆粒。

8. 网罩

网罩用于盛豆子，过滤豆浆。工作时，网罩通过扣合斜棱而与机头下盖是扣合在一起。因受热后网罩与机头下盖扣合出现过紧，因此，拆卸网罩时，应先用凉水将其冷却，以免用力过大而划伤手或弄坏网罩。特别是清洗网罩比较费事，往往让用户感到麻烦。这一问题引起各厂家重视。九阳公司经过技术创新，在网罩改进方面实现了重大突破。应用九阳导流专利技术的拉法尔网，匹配"X 型旋风刀片"，经上万次全循环精细磨浆，不但大大地提高了豆浆营养质量，同时使网罩的清洗变得简便、轻松。

4.3 豆浆机主要技术指标和性能参数

4.3.1 豆浆机的主要技术指标

豆浆机作为一种近些年流行起来的家用电器，主要执行国家标准《GB 4706.1 家用和类似用途电器的安全 第 1 部分：通用要求》和《GB 4706.19 家用和类似用途电器的安全 液体加热器的特殊要求》。豆浆机的主要技术指标包括环境条件、性能要求、安全要求等。

1. 环境条件

豆浆机的使用环境要求在空气温度为 0℃～35℃，周围空气相对湿度不大于 90%（25℃时）；海拔不超过 1 000 m，（海拔在超过 1 000 m 的高度时，应使用特殊场合用豆浆机）；电源电压与额定电压的偏差不超过 ±10%；无显著振动、腐蚀性气体、易燃性气体的场所。

2. 性能要求

豆浆机杯体容积应不小于额定容积的 95%。对于豆浆机粉碎装置锋利度，要求粉碎装置的刃口厚度不应小于 0.06 mm。粉碎装置应具备防护措施，断电后应在 1.5 s 内停止工作。同时，粉碎装置刃口部分的金属洛氏硬度应达到 35～44 HRC。豆浆机工作时还应具有足够的防焦糊能力，对于电热元件表面有发黄、发黑的层面，用流速为 0.25 L/s 的生活饮用水进行冲洗，去除表面层粘附豆浆。最后，豆浆机正常工作时的噪声不应超过 78 dB。

3. 其他要求

豆浆感官应具有反映产品特点的外观及色泽，允许有少量沉淀和脂肪上浮，无正常视力可见外来杂质。豆浆机在正常工作条件下制浆，所制作的纯豆浆的总固形物含量不低于 3.2 g/100 mL。豆浆机在正常工作条件下制浆，所制作的豆浆中的脲酶活性应为阴性。豆浆机在正常工作条件下，经筛网过滤的出渣率应不高于 30%。与豆浆接触的零部件应开启方便，清洗时不应借助工具拆卸，与豆浆接触的不可拆卸部件应可清洗，清洗后表面不应残留有可见物质，具有自清洗功能的豆浆机在执行自清洗功能后，表面不应残留有可见物质；与食品接触的槽、角及圆角应利于清洗，对于导向阀、单向阀、三通阀、截止阀，在其内角的圆角半径应不小于 1.6 mm，人工清洗的豆浆机的角、圆角、截止阀等部位，在清洗后不应残留有可见物质。在正常工作条件下，制浆过程中不应出现较大安全故障，允许间接性的损坏，可通过更换部件进行修复，豆浆机进行 1 200 次的制作豆浆试验后，其出渣率经 50 目筛网后不高于 30%，总固形物含量不低于 2.7 g/100 mL，噪声不高于 80 dB（A）。带耦合器的豆浆机经过 3 000 次后插拔试验寿命后应能继续使用。带微动开关的豆浆机，经过 5 000 次的开关试验寿命后应能继续使用。

4.3.2 豆浆机的主要性能参数

豆浆机的主要性能参数主要包括额定电压、电动机功率和加热功率等。

额定电压是用电器正常工作时的电压，太高易烧坏，太低不能正常工作，我国采用 220 V 的民用电压。在额定电压下，豆浆机的元器件都工作在最佳状态，只有在最佳状态下，豆浆机的性能才比较稳定，其使用寿命才得以延长。电动机功率是指电动机输出功率，是额定电压与额定电流的乘积。加热功率是指豆浆机加热豆浆或将豆浆煮沸时，所需要的最大功率。

4.4 豆浆机材料和加工工艺

4.4.1 豆浆机的材料

目前，豆浆机的杯体一般采用不锈钢、塑料或玻璃制成。钢制杯体结实耐用，但容易烫手；PC 材质的杯体透亮、美观且不烫手，但使用时间长了容易出现杯体模糊不干净。

豆浆机各部件的材料如图 4-13 所示。

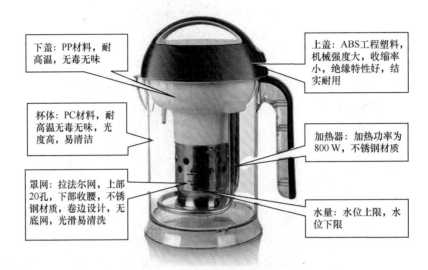

下盖：PP材料，耐高温，无毒无味

上盖：ABS工程塑料，机械强度大，收缩率小，绝缘特性好，结实耐用

杯体：PC材料，耐高温无毒无味，光度高，易清洁

加热器：加热功率为800 W，不锈钢材质

罩网：拉法尔网，上部20孔，下部收腰，不锈钢材质，卷边设计，无底网，光滑易清洗

水量：水位上限，水位下限

图 4-13　豆浆机各部件的材料

4.4.2　豆浆机主要构件的加工工艺

1．豆浆机杯体

杯体一般采用 PC（通称聚碳酸酯）材料，由于其优良的力学性能，俗称防弹胶。PC 具有机械强度高、使用温度范围广、电绝缘性能好、尺寸稳定性好、透明等特点。在电工产品、仪器仪表外壳、电子产品结构件上被广泛使用。PC 的改性产品较多，通常有添加玻璃纤维、矿物质填料、化学阻燃剂、其他塑料等。PC 的流动性较差，加工温度较高，因此其许多级别的改性材料的加工需要专门的塑化注射结构。PC 的吸水率较大，加工前一定要预热干燥，纯 PC 干燥 120℃，改性 PC 一般用 110℃温度干燥 4 h 以上。总的干燥时间不能超过 10 h。一般可用对空挤出法判断干燥是否足够。再生料的使用比例可达 20%。在某些情况下，可百分百地使用再生料，实际用量要视制品的品质要求而定。再生料不能同时混合不同的色母粒，否则会严重损坏成品的性质。

2．豆浆机上盖

上盖采用 ABS（通称丙烯腈—丁二烯—苯乙烯）材料，是由丙烯腈、丁二烯、苯乙烯 3 种单体共聚而成。由于 3 种单体的比例不同，会有不同性能和熔融温度。流动性能的 ABS 如与其他塑料或添加剂共混，则可扩大至不同用途和性能的 ABS，如抗冲级、耐热级、阻燃级、透明级、增强级、电镀级等。ABS 的流动性介于 PS 与 PC 之间，其流动性与注射温度和压力有关，其中注射压力的影响稍大。因此，成型时常采用较高的注射压力以降低熔体黏度，提高冲模效果。ABS 的吸水率为 0.2%～0.8%，对于一般级别的 ABS，加工前用烘箱以 80℃～85℃烘 2～4 h，或用干燥料斗以 80℃烘 1～2 h。对于含 PC 成分的耐热级 ABS，烘干温度适当调高至 100℃，具体烘干时间可用对空挤出来确定。ABS 再生料的使用比例不能超过 30%，电镀级 ABS 不能使用再生料。

3．豆浆机下盖

下盖采用 PP（通称聚丙烯）材料，因其抗折断性能好，也称"百折胶"。PP 是一种半透明、半晶体的热塑性塑料，具有高强度、绝缘性好、吸水率低、热变形温度高、密度小、结晶度高等特点。改性填充物通常有玻璃纤维、矿物填料、热塑性橡胶等。不同用途的 PP 的其流动性差异较大，通常使用的 PP 流动速率介于 ABS 与 PC 之间。纯 PP 是半透明的象牙白色，可以染成各种颜色。PP 的染色在一般注射机上只能用添加色母料的方式实现。在华美达机上有加强混炼作用的独立塑化元件，也可以用色粉染色。再生料的使用比例不要超过 15%，否则会引起强度下降和分解变色。PP 注射加工前一般不需特别的干燥处理。

4.5 典型产品设计

4.5.1 九阳豆浆机设计

九阳公司生产的豆浆机款式多样，欧南多是九阳推出的欧化品牌，具有浓郁的欧陆风情，欧南多豆浆机的每个造型都来自独特的设计灵感，将建筑的形式恰当地用在了家电产品设计中。这里介绍几款欧南多豆浆机的设计特点。

如图 4-14，九阳 JYD-R10P05 豆浆机采用优雅的罗马造型，珠光红色时尚外观；操作界面在把手上面，高亮度显示屏，界面清晰；采用全密封防水技术；刀片采用三叶螺旋粉碎技术；手柄用防热材料制造，使用安全。

如图 4-15 所示，九阳 NDD-10S06 豆浆机的外观设计比较亮丽，采用不锈钢的晶亮的杯体，结实耐用，擦拭也比较方便，机头添加中国红元素，水位线标识设计在杯体的部分，加水可一目了然，直线式的把手和明提手设计，便于操作，拿取方便，操作按钮设计在机头部分。

图 4-14　九阳 JYD-R10P05 欧南多豆浆机

图 4-15　九阳 NDD-10S06 欧南多豆浆机

　　如图 4-16 所示，九阳 NDD-12P02 豆浆机的外观设计比较特殊，采用城堡的造型设计元素，浓郁南欧风情，引人关注；绿色的机头，清新亮丽；透明的机体设计，制作豆浆过程可一目了然；透明的机体上有明显的水位线标识，加水比较方便；操作界面和把手浑然一体抓取方便、容易，操作清晰明了。九阳 NDD-12P02 豆浆机操作界面如图 4-17 所示。图 4-18 和图 4-19 分别是九阳 JYDZ-201 豆浆机及其操作界面。

　　九阳豆浆机的外观设计比较时尚，符合时下年轻人的口味，整体效果时尚大气。机头处的暗提手和操控界面相配合，整机效果好，而且操作方便。杯体采用磨砂的不锈钢材质，配有咖啡色的把手，把手外侧为银白色，线条圆润流畅；整机一体效果好，把手设计防滑易抓，握感较好；暗提手处有操作界面，操作方便；操作界面上的提示清晰，同时也表明了此款豆浆机所具有的功能比较齐全，方便用户选择。

图 4-16　九阳 NDD-12P02 豆浆机

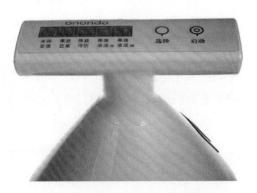

图 4-17　九阳 NDD-12P02 豆浆机操作界面

图 4-18　九阳 JYDZ-201 豆浆机

图 4-19　九阳 JYDZ-201 豆浆机操作界面

4.5.2　美的豆浆机设计

美的 DE10Q11 豆浆机的外观设计很精简，大气时尚，采用全不锈钢分体式无网设计，易清洗；360°底盘加热，熬煮更充分；智能温控器可精确控温，能有效节省时间；雅致的彩钢处理，给人以科技时尚感。

美的 DE10Q11 豆浆机在外观设计上采用雅致的彩钢处理，机体整体设计大气、雅致、美观；功能比较齐全，带有果汁搅拌的功能，也可制作玉米汁和绿豆沙。如图 4-20 和图 4-21 所示。

图 4-20　美的 DE10Q11 豆浆机

图 4-21　美的 DE10Q11 豆浆机操作界面

美的 DP101 豆浆机的外观设计得很轻巧，线条圆润流畅。它采用透明的机身；豆浆的制作过程可以一目了然；机体上有明显的水位线标识，加水时直观，方便操作；白色和淡蓝色的搭配，使这款机器看起来比较干净靓丽，材质结实，清洁起来也比较方便。如图 4-22 和图 4-23 所示。

图 4-22　美的 DP101 豆浆机

图 4-23　美的 DP101 豆浆机操作面板

4.6　豆浆机设计实训

下面通过对一款豆浆机的市场调研、设计要求与定位以及模型建立过程，让读者进一步了解如何进行豆浆机的设计。

4.6.1　市场调研

目前市场上的豆浆机以九阳、美的引领整个市场，两大品牌都已经开始重视工业设计在产品开发过程中的作用，也都开始注重如何让豆浆机制作出的豆浆更有营养价值。

2011 年中国豆浆机市场品牌格局比较稳定，九阳独占七成，领先优势有所扩大，美的稳居亚军，其他品牌则相差甚远。

中低档产品占主流，市场中 500 元以内的产品吸引了八成消费者的关注比例，301 ～ 500 元为主流价位段，功能较为基础的中低端普及型产品成为辅助力量。

从基本功能向多功能发展，当前消费者对豆浆机的口感、制浆的种类、制浆的营养都有了更高的要求，而豆浆机产品也顺应需求，向操作人性化、多功能化、智能化的方向发展。

品牌集中度提高，中国豆浆机品牌市场占有比例如下。如图 4-24 所示，九阳占 71.5%，为第一阵营；美的占 15.6%，为第二阵营；其他品牌的比例较上年有不同程度的下降，中国豆浆机市场的品牌集中度更高了。

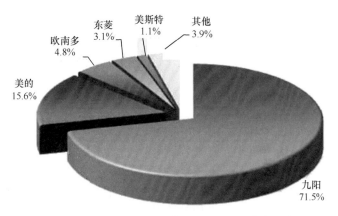

图 4-24　2011 年中国豆浆机品牌市场占有率分布

4.6.2　设计要求与设计定位

豆浆机市场由逐渐产生发展到广泛接受，离不开人们对健康食品的重视，豆浆作为人们的健康饮品成为对健康生活关注的焦点。要求设计一款适合三口之家的、造型简洁、操作便捷、安全可靠的豆浆机，强调带有中华文化的元素内容。

产品造型上符合电动机上置式豆浆机的工作原理，同时符合目前豆浆机的卫生、安全、简单、便捷、健康的设计趋势。人机工学上符合用户的使用方式和习惯，操作界面应更加简单便捷。

对于三口之家的年轻家庭，产品应满足以下条件，精神需求：卫生安全，健康。物质需求：纯净营养的豆浆。色彩和材质对用户采购的影响是不容置疑的。在色彩应用方面，当前的小家电有两种趋势：冷色——浅灰色＋咬花表面不锈钢材料，强调品质感；暖色——色相单一、鲜艳的，如乳白色、浅蓝色等，强调亲和力。表面材料：常见的有拉丝表面不锈钢、彩钢、磨砂铝合金、单色 ABS、透明 PC、橡胶漆。

4.6.3　设计草图与最终方案

在草图设计初期，先对豆浆机整体形态进行初步设计，在豆浆机杯体上尝试不同风格和造型的曲线，尽量多的记录创意灵感，以便进行下一步草图深化工作。如图 4-25 所示。

运用绘图工具和平面绘图软件对草图进行分析，提出可行性方案，并对方案进行深化。在这一阶段，应该对产品的细节和材质进行初步考虑。豆浆机最终方案草图如图 4-26 所示。

图 4-25　豆浆机设计初期草图

图 4-26　豆浆机最终方案草图

在前期草图方案的基础上，选取最终方案，整体线条流畅、大方，适合大众审美。同时将豆浆机的细节加以刻画。

4.6.4　豆浆机三维模型的建立

4.6.4.1　豆浆机造型表现的方法与要素

本实例要表现的豆浆机外观如图 4-27 所示。

4.6.4.2　建立豆浆机模型的主要过程

对本豆浆机的形态、结构、材料、功能等方面分析后，可以确定建模思路顺序。

（1）首先把豆浆机整体杯型的轮廓线和结构线画好，再用切割、放样的方法得到外观形态。

（2）制作豆浆机的手柄及细节部位。

（3）将豆浆机的杯盖与杯体分割开，加强细节部分的建立。

4.6.4.3　豆浆机设计制作过程

（1）在 Front 视图上，使用【控制点曲线 】】和【多重直线 】】命令相结合，画线。如图 4-28 所示。

图 4-27　本实例要表现的豆浆机外观

图 4-28　使用【控制点曲线 】】和【多重直线 】】命令相结合

（2）应用【变动】工具里面的【设置 xyz 轴 】】命令，设置 y 轴平齐。如图 4-29 所示。

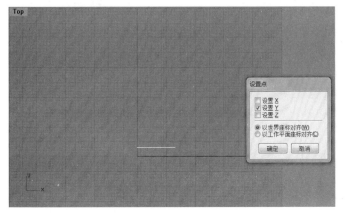

图 4-29　应用【变动】工具里面的【设置 xyz 轴 】】命令

（3）使用【曲面】工具里面的【旋转成形🔦】命令。首先选中要旋转的曲线，再选择旋转轴的起点。如图 4-30 所示。

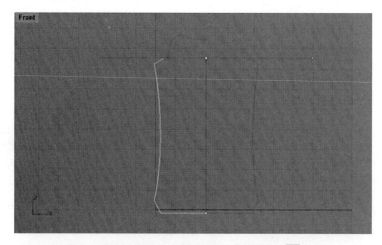

图 4-30　使用【曲面】工具里面的【旋转成形🔦】命令

（4）使用【实体】工具里面的【不等距边缘圆角⬛】命令，选择要倒圆角的实体边缘线。（注意圆角倒的大小与整体的比例）如图 4-31 所示。

图 4-31　使用【实体】工具里面的【不等距边缘圆角◉】命令

（5）画顶部把手，使用【曲面】工具里面的【旋转成形🔦】命令。如图 4-32 所示。

（6）在 Right 视图上，使用【多重直线⋀】命令画线。如图 4-33 所示。

（7）选择【变动】里面的【镜像🔺】命令，选中要镜像的线段，最后选择镜像平面轴。如图 4-34 所示。

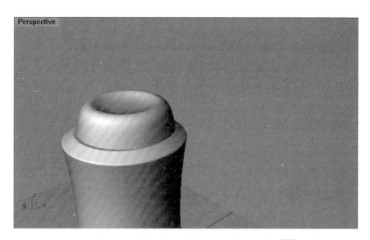

图 4-32　使用【曲面】工具里面的【旋转成形】命令

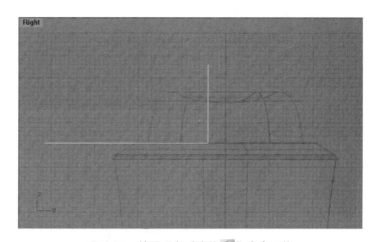

图 4-33　使用【多重直线】命令画线

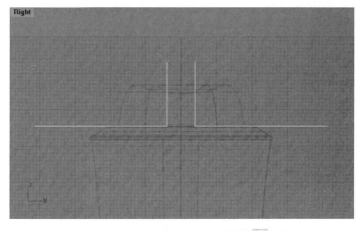

图 4-34　选择【变动】里面的【镜像】命令

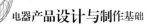
（8）选中要挤出的线，使用【曲面】工具里面的【直线挤出 ▣】命令。如图 4-35 所示。

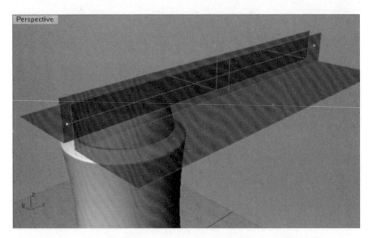

图 4-35　使用【曲面】工具里面的【直线挤出 ▣】命令

（9）应用【实体】工具里面的【布尔运算分割 ▣】命令，先选要分割的实体，再选择分割曲面，将顶部的手柄分成 3 个部分。如图 4-36 所示。

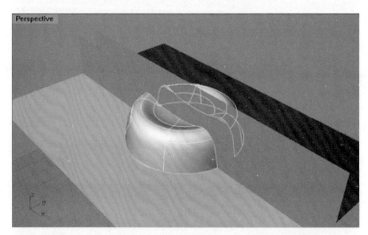

图 4-36　应用【实体】工具里面的【布尔运算分割 ▣】命令

（10）将分割好的不必要的部分删除，只留下手柄曲面，应用【实体】工具里的【将平面洞加盖 ▣】命令，使曲面变成实体。如图 4-37 所示。

（11）在 Front 视图上，使用【多重直线 ∧】命令，再将直线进行倒圆角使用【曲线圆角 ▢】命令，画线。如图 4-38 所示。

（12）使用【曲面】工具里面的【直线挤出 ▣】命令，将曲线挤出成曲面。再应用【实体】工具里面的【布尔运算分割 ▣】命令。如图 4-39 所示。

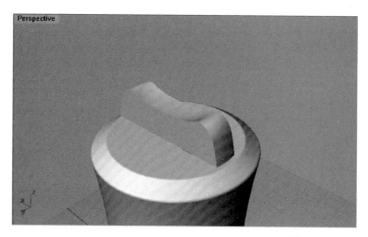

图 4-37　应用【实体】工具里的【将平面洞加盖】命令

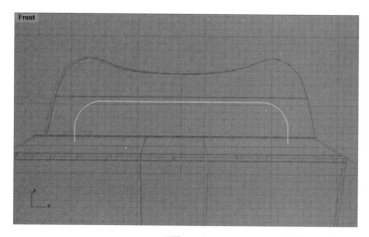

图 4-38　使用【多重直线】命令和【曲线圆角】命令

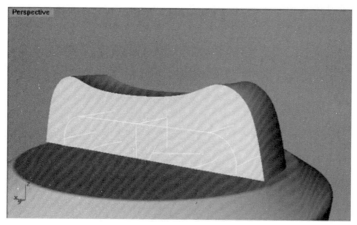

图 4-39　使用【直线挤出】命令和【布尔运算分割】命令

（13）使用【实体】工具里面的【不等距边缘圆角 ■】命令，选择要倒圆角的实体边缘线。如图 4-40 所示。

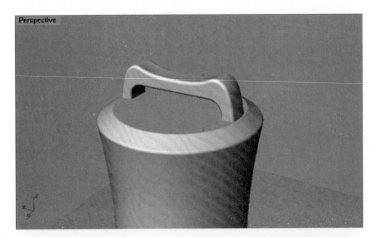

图 4-40　使用【实体】工具里面的【不等距边缘圆角 ■】命令

4.6.4.4　豆浆机手柄制作过程

（1）在 Front 视图上，使用【控制点曲线 ■】命令画线。如图 4-41 所示。

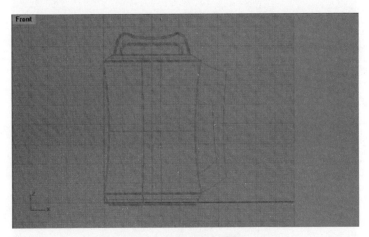

图 4-41　使用【控制点曲线 ■】命令画线

（2）使用【分割 ■】命令，先选取要分割物件，再选取切割用物件。如图 4-42 所示。

（3）使用【曲面】工具里面的【旋转成形 ■】命令。如图 4-43 所示。

（4）在 Right 视图上，使用【多重直线 ■】命令画线，再使用【曲面】工具里面的【直线挤出 ■】命令。如图 4-44 所示。

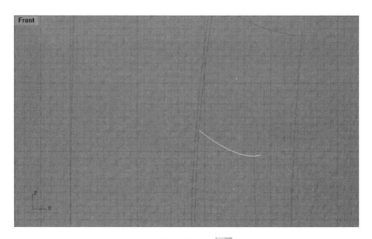

图 4-42　使用【分割】命令

图 4-43　使用【曲面】工具里面的【旋转成形】命令

图 4-44　使用【多重直线】命令画线和【直线挤出】命令

（5）使用【实体】工具里面的【布尔运算分割 】命令，再使用将分割成两部分的曲面变成实体，使用【实体】工具里的【将平面洞加盖 】命令。如图 4-45 所示。

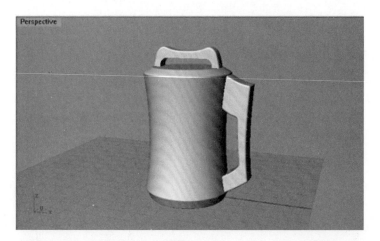

图 4-45　使用【布尔运算分割 】命令和【将平面洞加盖 】命令

（6）在 Top 视图上，使用【曲面】工具里面的【矩形平面 】命令，并调整到相应的位置。如图 4-46 所示。

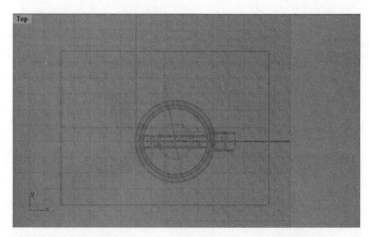

图 4-46　使用【曲面】工具里面的【矩形平面 】命令

（7）使用【实体】工具里面的【布尔运算分割 】命令，在一定的位置上，将豆浆机分割成两个实体部分。如图 4-47 所示。

（8）使用【实体】工具里面的【不等距边缘圆角 】命令，选择要倒圆角的实体边缘线。如图 4-48 所示。

（9）将制作好的模型加以简单的渲染，得到的效果图如图 4-49 所示。

图 4-47　使用【实体】工具里面的【布尔运算分割 🔲】命令

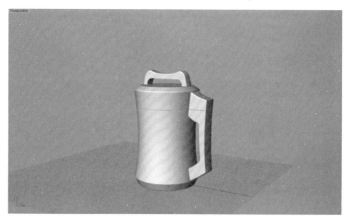

图 4-48　使用【实体】工具里面的【不等距边缘圆角 🔲】命令

图 4-49　豆浆机最终渲染图

豆浆机的最终效果图整体采用了华丽的色彩搭配，金属材质的使用使得产品很具有现代感符合当代人的需求，花纹的点缀使得豆浆机的金属感觉变得柔和，加强了和用户之间的亲和力。

4.7　小结

本章主要介绍了豆浆机的基础设计知识，从豆浆机的发展历史及分类；从工作原理及结构；从材料工艺及豆浆机主要性能参数。介绍了豆浆机的优秀产品设计分析和一款具体的豆浆机设计实训。

4.8　思考与练习题

1．详细叙述豆浆机的基本工作原理。

2．详细分析豆浆机的结构、材料选用及加工工艺。

3．分析比较常用的3款不同厂家豆浆机的设计特点。

4．设计一款家用的豆浆机，主要针对年轻的三口之家。

05

第 5 章

电饭煲设计与制作基础

5.1 电饭煲概述

5.1.1 电饭煲的定义

电饭煲又称作电锅、电饭锅。是利用电能转变为热能的炊具，是家庭中最常用的电炊具之一。它操作简单，使用安全、可靠，而且煮出来的饭不焦糊、不夹生，还具有易于清洗的特点，因此深受广大消费者的喜爱。现在，随着技术的发展，更多功能的电饭煲已经开始推向市场，有些高档的电饭煲同时具有煮饭、煮粥、煲汤、蒸食等多种功能。

5.1.2 电饭煲的历史、发展和现状

电饭煲保温技术的发展大致经历了 5 个阶段。第一代是无保温技术的电饭煲产品，采用的是自然保温方式。20 世纪 70 年代初期，日本东芝公司发明了带保温技术的电饭煲，采用水温保温介质。20 世纪 70 年代中期，机械式保温的电饭煲出现了，并逐渐成为电饭煲保温技术的主流，这就是第三代电饭煲保温技术，如图 5-1 所示。20 世纪 70 年代末，电脑电饭煲问世，电脑电饭煲保温技术开始飞速发展，成为第四代电饭煲保温技术，如图 5-2 所示。2005 年，科龙公司推出了环保聚温层电饭煲，热效率高达 81%，保温时的能耗仅为国家节能产品评价标准的 9.5%，开启了电饭煲行业的第五代保温科技创新。与此同时，三角牌炊具企业又推出了节能型电饭煲。

图 5-1　机械式保温电饭煲

图 5-2　电脑电饭煲

一般电饭煲在煮饭过程中，耗电功率基本不变，直到煮好饭自动断电。新的节能型

电饭煲，根据水开后只需提供维持火力就可使开水继续沸腾的原理，使电饭煲在煮饭过程中，当水温升至 100℃时，便自动转换到低电压工作，如从 220 V 降至 110 V，既保持了沸腾又节约了用电能。

电饭煲产品的自动化、智能化、美观化、营养及环保化将是目前的发展趋势，由此带来的产品科技创新也正在趋向于能为人们的健康、便捷提供更多的帮助。

5.2　电饭煲的分类、工作原理、功能和结构

5.2.1　电饭煲的分类

电饭煲按加热方式的不同可分为直接加热式和间接加热式。

直接加热式电饭煲采用发热盘对内锅直接加热将内锅中的食物煮熟的方式。间接加热式电饭煲有三层锅组成，最外层的锅与外壳相连，上面装有发热盘，中间一层装水，内层装食物。加热时，外层的发热盘对中间层的水加热产生水蒸气，利用水蒸气对内层锅内的食物进行蒸汽加热蒸饭。按其结构形式的不同，分为整体式（为单层、双层与三层）和组合式。

直接加热式和间接加热式的结构示意如图 5-3 所示。

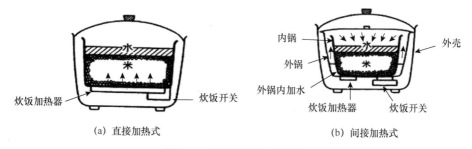

（a）直接加热式　　　　　　　　　（b）间接加热式

图 5-3　电饭煲结构示意图

按控制方式分类，可分为保温式、定时启动保温式和单片机控制式。保温式电饭煲在饭熟后会自动从煮饭状态切换到保温状态，自动保持一定温度，直至人为断电。目前市场上较多的是双层自动保温式电饭煲。定时启动保温式电饭煲是在普通电饭煲上加装定时器，使用者可在 12 h 内选定启动时间，在选定的时间内，电饭煲自动启动，开始煮饭，然后保温。单片机控制式电饭煲采用计算机程序控制，它利用计算机进行传感测量，控制细微的沸煮温度变化，功率在 800 W 左右，有利于节能。

按电热元件分类，可分为单发热式、双发热式、多发热式。单发热式电饭煲底部采

用电热盘对内锅加热；双发热式电饭煲除了底部有电热盘加热外，在锅盖上也有加热装置，能够提高工作效率；多发热式电饭煲采用底部、锅盖和锅壁 3 处同时加热，有更高的工作效率。

按压力分类，可分为常压式和压力式。常压式电饭煲煮饭时锅内保持在常压状态，利用沸腾的水及产生的蒸汽来对食物加热；压力式电饭煲加热时锅内的压力高于常压，从而使水的沸点上升，煮饭时加入的水量远远小于常压式需水量，由于加水量比传统电饭煲少，再加上加压蒸汽的强穿透力，因此加工时间短、后期保温只需少量能耗，煮饭省时、省电。

5.2.2　电饭煲的工作原理

1. 自动电饭煲

煮饭时，插上电源线，按下煮饭按钮，磁钢限温器吸合，带动磁钢杠杆，使微动开关从断开状态转到闭合状态，从而接通电热盘的电源，电热盘通电发热，由于电热盘与内锅充分接触，热量很快传导到内锅，内锅也把相应的热量传导到米和水，使米和水受热升温至沸腾。由于常压下水的沸腾温度是 100℃，维持沸腾，这时磁钢限温器温度达到平衡，维持沸腾一段时间后，内锅里的水已基本被米吸干，而且锅底部的米粒有可能连同糊精粘到锅底形成一个热隔离层。因此，内锅底部会以较快的速度，由 100℃ 上升到 103℃ ±2℃，相应地，磁钢限温器的温度从 110℃ 上升到 145℃ 左右，热敏磁块感应到相应温度，失去磁性不吸合，从而推动磁钢连杆机构带动杠杆支架，把微动开关从闭合转为断开状态，断开电热盘的电源，从而实现电饭煲的自动限温；进入保温状态，焖饭 10 min 后，方可食用。

电饭煲煮好米饭后，进入保温过程，随着时间推移，米饭的温度下降，双金属片温控器的温度随着下降；当双金属片温控器温度下降到 54℃ 左右，双金属片恢复原形，其触点导通，电热盘通电发热，温度上升；当双金属片温控器温度达到 69℃ 左右，双金属片温控器断开，温度下降，重复上述过程，实现电饭煲的自动保温功能。

煮粥或煲汤时采用双发热管加热，通过温度开关感应水的温度实现大小功率的转换，从而实现开始大功率加热，水接近沸腾后转换为小功率加热。

2. 电脑电饭煲

插上电源线，按启动键，电饭煲开始工作，微机检测主温控器的温度和上盖传感器的温度，当相应温度符合工作温度范围时，接通电热盘电源，电热盘通电发热。由于电热盘与内锅充分接触，热量很快传到内锅上，内锅把相应的热量传到米和水中，米和水开始加热。随着米和水加热升温，水分开始蒸发，上盖传感器温度升高，当微机检测到内锅米和水沸腾时，调整电脑电饭煲的加热功率（微机根据一段时间温度变化情况，判断加热的米和水量情况），从而保证汤水不溢出。当沸腾一段时间后，水分蒸发且内锅里的水被米基本吸干，同时内锅底部的米粒有可能连同糊精粘到锅底形成一个热隔离层；因此，锅底温度会以较快速度上升，相应主温控器的温度也会以较快速度上升，当微机检测主温控器温度达到限温温度，微机驱动继电器断开电热盘电源，电热盘断电不发热，进入焖饭状态，焖饭结束后转入保温状态。

在保温状态，随着时间推移，内锅里的米饭温度下降，使主温控器温度下降，当微机检测主温控器温度下降到保温的控制温度时，驱动电热盘的电源，重新通电加热，温度上升，主温控器温度也随之升高；当微机检测到主温控器温度升高，电热盘断电降温，主温控器温度下降，重复上述循环，使电饭煲维持在保温过程。

5.2.3　电饭煲的功能

传统电饭煲的功能简单，一般只有煮饭和煮粥功能。煮饭和煮粥靠两个不同功率的发热线加热实现。煮饭时，从开始煮饭到完成都以固定的全功率加热，直到水煮干后，温度较高，温控器就断开加热，结束煮饭。当单片机应用到电饭煲中后，让电饭煲的功能变得丰富多样。在功能上，除了煮饭和煮粥外，还增加了蒸、炖、煮等功能，同时加入了人性化的设计，如时钟、定时、预约、热饭等功能。更重要的是，一些高档的电饭煲中增加了更复杂的模糊逻辑控制，能适应相对复杂的情况，如米的种类、米量、水量、环境温度、供电电压等，进而控制煮米饭时的吸水量、加温时间、控温过程、维持沸腾过程、保温、焖饭等。电饭煲的控制面板如图 5-4 所示。

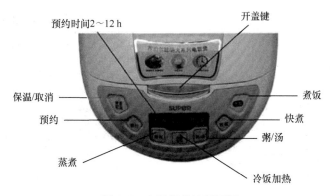

图 5-4　电饭煲的控制面板

5.2.4　电饭煲的结构

电饭煲的外形与结构形式虽多，但主要由外壳、锅盖、开关、内锅、电热盘、温度控制装置等几个部分组成。它的基本结构如图5-5所示。

1. 外壳

电饭煲的外壳通常是用冷轧钢板经拉伸成型，表面再经喷漆、电镀、拷花等表面处理工艺制成，以达到美观和坚固耐用等目的。外壳是电饭煲的结构主体，它将（开关、加热盘、温度控制装置）等基础部件集于一体。如图5-6所示。

2. 内锅

内锅又称内胆，是电饭煲直接接触米饭的部分。不同材料和结构的内胆对米饭营养价值的影响各不相同。内胆的材料一般有铝、陶瓷等。通常电饭煲的内胆只是简单的复合层，虽然价格低但品质差，而目前一些知名的品牌已采用多层结构的内胆，能更好地烹饪米饭并保持营养，并且具有不粘锅的特点。如图5-7所示。

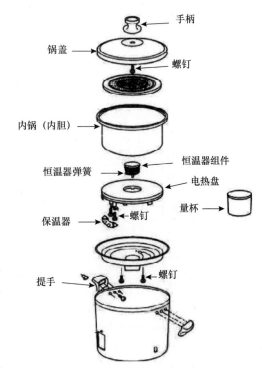

图5-5　电饭煲的基本结构

图5-6　电饭煲的外壳

图5-7　电饭煲的内胆

3．电热盘

电热盘是电饭煲的主要部件之一，主要由电热盘盘体和电热元件两大部分组成的。电热盘采用管状加热元件，浇铸在铝合金中制成，它具有良好的导热性、耐腐蚀性和较高的机械强度。为了保证绝缘性能，电热管在浇铸后，端部用密封材料进行绝缘和密封。如图 5-8 所示。

4．温度控制装置

电饭煲的温度控制装置一般由磁钢限温器和双金属片恒温器两部分组成，这两部分都是机械控制器。机械控制式的电路结构都比较简单。接通电源后，开始烧饭；当饭熟后，温度上升超过 103℃时，温控器起作用推开电源开关，停止加热。如图 5-9 所示。

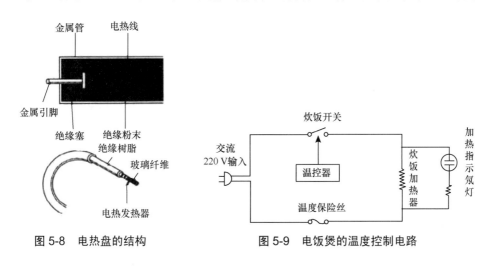

图 5-8　电热盘的结构　　　　图 5-9　电饭煲的温度控制电路

5.3　电饭煲主要技术指标和性能参数

目前与电饭锅相关的标准有《GB4706.1 家用和类似用途电器的安全 通用要求》、《GB4706.19 家用和类似用途电器的安全 液体加热器具的特殊要求》、《QB/T3899 自动电饭锅》、《GB12021. 6 自动电饭锅能效限定值及能效等级》。这些标准主要衡量电饭煲的安全性能和使用性能。电饭锅的安全性能主要有以下几方面。

5.3.1　电饭煲的主要技术指标

1．电气绝缘性能

要求在冷态 1 500 V、热态 1 000 V、50 Hz 交流电情况下，历时 1 min 耐压试验，电饭煲的带电部分与金属壳间不发生击穿，其热态绝缘电阻大于 1 MΩ。

要求在温度（40±2）℃、相对湿度 95%±3% 的恒温恒湿箱内，在不凝露的条件下，48 h 后其潮态绝缘电阻不低于 0.5 MΩ，潮态耐压 1 000 V/min 不发生击穿（漏泄电源小于 1 mA）。接地端至金属壳内的电阻应小于 0.2 MΩ。

泄漏电流和电气强度是衡量电饭煲绝缘系统功能的指标。在工作温度下经防水试验后，电饭煲泄漏电流不能超过 0.75 mA，并且要有足够的电气强度，以保证不会对人体造成危害。

2. 温控标准性

一般要求温度在（103±2）℃时，温控元件使电路断电；当温度降至（65±5）℃时，温控元件起保温作用。

3. 热效率

要求在其周围环境温度为（23±5）℃时，电饭煲的热效率一般不低于 70%。

4. 使用寿命

要求电饭煲在额定电压条件下，其一般使用寿命应当大于 1 000 h。

5.3.2 防触电问题

防触电保护项目是指电饭煲的结构和外壳应使其对意外触及带电部件有足够的防护，通常可以理解为类似手指的试验值，不能通过电饭煲外壳所开的孔而触及带电部件，即使拿掉内锅也如此。

5.3.3 过热以及非正常情况下的着火危险

电饭锅在正常的情况下，其外壳等部件都具有一定的温度，产品标准中对使用者可能在使用中需要触及的部位，如手柄、开关表面等都规定了温度的限值，以防烫伤。对塑料件、金属零部件、电源线等温升都作了规定，以保证器具能在一定时间内正常工作。电饭煲过载、煮饭的限温器失灵、绝缘击穿等都可能达到导致着火危险的温度，所以国家标准同时也规定应保证电饭煲内着火点产生的火焰应不会蔓延到火源近区以外，也不会对电饭煲的周围环境造成损坏。

5.3.4 机械危险和机械强度

电饭煲应具有一定的稳定性，国家标准要求放在一个与水平面成 10°角的倾斜平面上，电饭锅不能翻倒，当倾斜度达到 15°角翻倒时，电饭煲各部位的温升点不能超过规定要求。IEC 标准还要求，当电饭煲内锅的容积大于 3 L 时，在 25°角倾斜面上翻倒时，其内锅的水泄出的速率应小于 16 L/min。电饭锅应具有足够的机械强度，其结构应能经受住正常使用中可能会出现的野蛮搬运。国家标准规定，对电饭锅外壳，每一个可能的薄弱点上用 0.5±0.04J 的冲击能量冲击 3 次，必须要能正常工作。

同时规定，在离木地板地面 700 mm 的高处，让电饭锅自由跌落一次，然后检查带电部件不能向外露出，通电时不应短路等。

电饭煲的使用性能主要是指控制煮饭功能的限温温度、保持饭温的控制温度以及电饭煲的外观和耐用性要求等指标。这些指标用于衡量电饭煲能否正常煮饭和保温以及在一定的年限内能否正常使用。另一使用性能是热效率和保温时电耗。热效率是指当电饭煲工作时所消耗的电能转化成有用的热量的百分比，它通常最少应大于 70%；保温时电耗是指电饭煲在保温状态下保温 4 h 所消耗的耗电量。

5.4　电饭煲材料和加工工艺

5.4.1　电饭煲的外壳

用于电饭煲制件的 PP 改性材料主要分为高光泽类和耐热类，电饭煲外壳要求具有较高的光泽度，而底座则要求材料具有较高的耐热性。

电饭煲的外壳以前主要是由 ABS 制作，由于成本高，现在主要采用改性 PP 来替代。电饭煲外壳的材料要求具有高光泽、低收缩性能，可以通过矿物填充的方法改善收缩性，但是在矿物的选择上要选择对表面光泽影响小的玻璃微珠、硫酸钡、碳酸钙等，必要时也可以通过成核剂、润滑剂、荧光剂等来实现。

5.4.2　电饭煲的内锅

阳极氧化的表面处理为硫酸氧化、草酸氧化、硬质氧化、微弧氧化等。这些表面处理具体参数规范将直接影响内锅的性能和寿命。

用在电饭煲内锅上的不粘涂料通常是指氟碳树脂【包括聚四氟乙烯（PTFE），聚全氟乙丙稀（FEP）和四氟乙烯 - 全氟烷基乙烯基醚共聚物（PFA）】涂料，也就是市场上所讲的特氟龙。由于氟树脂所具有的优异不粘性能和优异稳定性，因此它成为电饭煲内锅防粘的最好选择。从目前国内市场来看，消费者接受程度最高的不粘涂料应用正是电饭煲内锅喷涂。内锅上喷涂的不粘涂料不仅极大地方便了用户，而且克服了铝及其合金内锅不宜与食品直接接触的限制。可以这样说，不管过去、现在还是将来，在电饭煲内锅喷涂氟不粘涂料都是大势所趋。

5.5 典型产品设计

自从 1955 年东芝公司开发出世界上第一台电饭煲，电饭煲的发展已经过了 50 多年，现如今电饭煲已经成为了现代家庭必备的生活电器之一。我们正经历着一个科学技术迅速发展的时代，随着人们生活水平的提高，用户对电饭煲的要求也越来越高，因此，我们应该有理由相信，家用电饭煲的设计会越来越现代化、科技化、人性化。下面将对市面上几款设计比较成功的电饭煲进行分析。

5.5.1 美的迷你电饭煲设计

美的 FC16B 迷你电饭煲，这款产品曾凭借其人性化的设计获得 2008 年中国创新设计"红星奖"，如图 5-10 所示。

它是一款针对单身白领、学生、小家庭等年轻时尚用户开发的小型智能化产品，将潮流外观、精巧体积、人性化功能、体贴的细节恰当的融为一体，实现了使用功能与时尚设计的和谐统一。

产品内部通过对内锅、电热盘、控制与显示电路板 3 个主要部件进行合理布局，实现了外观体积的最精巧化，并且为了使观察与操作更为方便，其控制面板倾斜约 15°，这与传统的位于侧面的垂直

图 5-10 美的 FC16B 迷你电饭煲

式控制面板和位于顶部的平行式控制面板相比较，更加的人性化，也减小了电饭煲的体积。

在造型方面，电饭煲整体将"圆"与"方"的线条很恰当地结合在一起，外观突显出强烈的现代感，却又不会让人感到生硬、呆板，有机的主体加上 4 个比较独特的"脚"，酷似一只可爱的宠物小猪，给厨房生活注入了乐趣。在色彩的采用方面，设计者也充分

考虑到了用户在进行厨房烹饪时的环境与心境，白和暖灰两种颜色的搭配简洁而自然，给用户带来一种简约、轻松的使用感受。在细节设计上，这款电饭煲同样做得非常出色，如简洁的面板界面设计，用户识别起来会相当轻松、准确，下凹的按键设计可以防止手指滑动造成的误操作，并且增强了面板的层次感。

除此之外，这款电饭煲还着眼于年轻消费群的需要，设置了精煮、快煮、粥、汤等常用功能，并且特设"婴儿粥"功能，采用独立火力控制，可以满足宝宝的营养需要。轻松、智能的操作让每个年轻人都可以一展身手，体验烹饪的乐趣。

5.5.2　奥克斯电饭煲设计

图 5-11 为奥克斯 CFXB30G-10 电饭煲，其外观造型采用了圆柱形，并且在配色上使用红色与银色进行搭配，奔放而不失稳重，手柄的设计更加符合人机工程学。此外，按键设计为一键控制，操作简单方便。增强了顶盖的密封性，因此保温性能更优，独特的全封闭微压结构，使得蒸出的米饭会更加松软香滑。

图 5-11　奥克斯 CFXB30G-10 电饭煲

5.5.3　苏泊尔电饭煲设计

如图 5-12 所示，苏泊尔 CFXB40FZ9-85 电饭煲采用造型时尚的不锈钢外壳，同时也流露出一种新时代的视觉风格。几乎不附加任何装饰的银色外壳使其本来就已相当流畅的造型看起来更为简洁，诠释了一种简约、质朴的生活态度。

工艺方面，其面板经工艺处理，不容易变色、翘皮，使用更持久。另外，其不锈钢内盖设计为可拆式，质感良好并且易于清洗。

这款电饭煲改变了传统的操作方式，将面板置于电饭煲顶部，符合人体工程学的巧妙构造，使用者无需弯腰即可操作，让厨房家务也变得轻松，更为老人和准妈妈们提供了方便。同时，它使用宽大的液晶显示屏，使得用户视觉上会感到

图 5-12　苏泊尔电饭煲 CFXB40FZ9-85

更加舒适。配套蒸架可调节高度，根据蒸煮容量的不同，轻松伸缩，自由、方便。电饭煲内部上框罩采用不锈钢材质，不仅工艺精湛，时尚大方，而且便于日常清洁。

5.6　电饭煲设计实训

下面通过对电饭煲的详细建模的学习，让读者掌握基本曲面制作方法，如挤压、放样、Blend 混合曲面以及修改裁切曲面的方法和提取曲面边缘线辅助造面，贯穿一些较高级的曲面修改方法。

5.6.1　市场调研

目前，电饭煲在终端的竞争目前已达到"白热化"，一方面，成熟品牌利用其现有渠道及资源，以各种促销形式抢占市场份额。其促销形式以买赠、特价配合现场演示为主，此类品牌以美的、苏泊尔、三角等为主。处于推广期的品牌更是利用一切资源做推广，此类品牌主要以大电器和灶具行业延伸至小家电，借助其原有行业的品牌影响抢占市场份额。美的、澳柯玛、老板等知名厂家，都纷纷打出了特价牌及经济实用的赠品来做营销。同时，三角、半球等品牌也通过较大投入的方式对市场作逐步渗透和蚕食，争夺到了一定比例的中低端消费群体。

电饭煲的功能现在已开发到一个比较成熟的阶段，现有各品牌都在保温与节能方面进行创新设计开发，同时，产品的自动化、智能化、美观化、营养及环保化将是又一发展趋势，由此带来的产品科技创新也正在趋向于能为人们的健康、便捷提供更多的帮助。

中国互联网消费调研中心发布的2009年国内电饭煲品牌的市场占有率如图5-13所示。

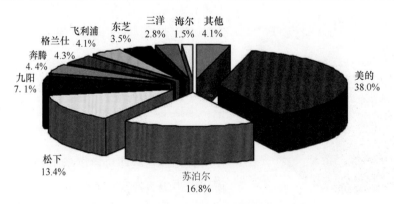

图 5-13　2009 年国内电饭煲品牌市场占有率

5.6.2　设计要求与设计定位

设计一款造型外观比较时尚，与现有产品相比在造型方面有一定突破，且符合当代审美和流行趋势，与现代家装风格相得益彰的电饭煲。

产品的造型外观上与市场现有的产品相比较要具有一定突破，要与现代家居环境更加协调，并且考虑到用户的心理因素，使产品具有一定的情趣性，尤其是要符合目标用户的审美要求。人机工程学上符合用户的使用方式和习惯，同时更加方便用户操作，在具体操作的人机界面设计上更为简单、合理。

现代家庭在电饭煲的选择上对于外观的要求更明显，更喜欢追求一些外观新颖，更加风格化的设计。

5.6.3　设计草图与最终方案

在初期的设计草图中，主要体现了对于电饭煲的主体造型方面的一些初步探索，如主体的线条如何体现出与现代家居的协调性，同时也要符合现代审美的习惯等以及对于机身控制面板的处理，因为它会影响到电饭煲给用户带来的整体外观感觉，如图 5-14 所示。

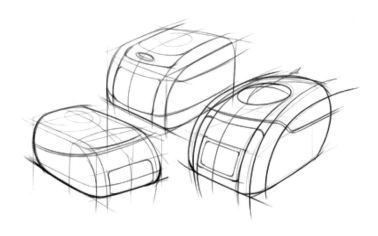

图 5-14　设计草图

对初期的草图进行进一步的分析、提炼，将不同方案的亮点进行重点的提取，并围绕设计定位对优秀的方案进行综合和进一步深化，如图 5-15 所示。同时，在把握整体造型的前提下对按钮、界面、手柄等产品的细节进行着重分析。

最终完成的产品草图，将产品的造型、色彩和主要细节都体现出来，同时要考虑到产品的一些主要部分的连接等工艺。

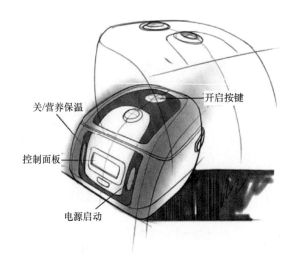

关/营养保温　　开启按键

控制面板

电源启动

图 5-15　草图深化

5.6.4　电饭煲三维模型的建立

5.6.4.1　电饭煲造型表现方法与要素

本实例要表现的电饭煲外观如图 5-16 所示。

图 5-16　本实例要表现的电饭煲外观

5.6.4.2　电饭煲建模主要流程

对本电饭煲形态、结构、材料、功能等方面进行分析，可确定基本建模思路及顺序。

（1）根据草图首先绘制出电饭煲的整体外轮廓。

（2）电饭煲手提柄的绘制。

（3）最后把电饭煲的细节部分绘制完成，如各按钮的分布等。

（4）最后进行渲染，得到最终效果图。

电饭煲的产品造型表现流程如图 5-17 所示。

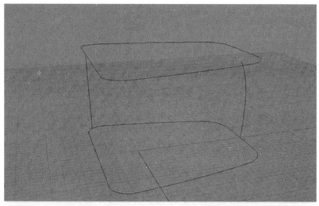

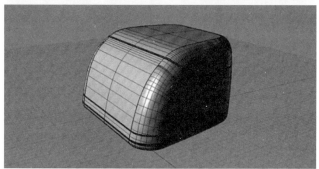

（a）电饭煲大体形态构造

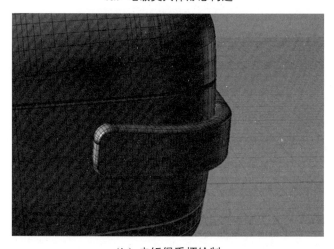

（b）电饭煲手柄绘制

图 5-17　电饭煲的产品造型表现流程

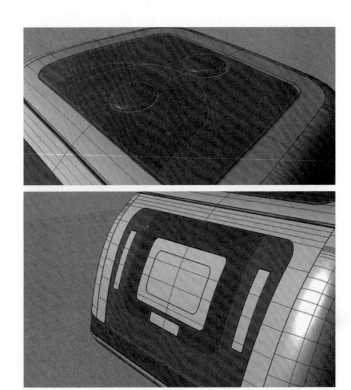

（c）电饭煲各细节部件的绘制

图 5-17　电饭煲的产品造型表现流程（续）

5.6.4.3　具体建模过程

电饭煲整体外形轮廓的绘制，具体步骤如下。

（1）画线。在 Top 试图使用【曲线 】】画出电饭煲底面，如图 5-18 所示。这是电饭煲底面形，使用【控制点曲线 】命令将整体大形画出来。

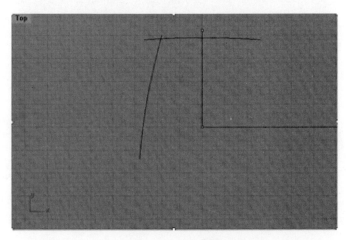

图 5-18　在 Top 试图使用【曲线 】画出电饭煲底面

（2）倒圆角。在 Top 试图使用【曲线圆角 】点击两曲线（倒角数据为 3），倒角确定后，效果如图 5-19 所示。

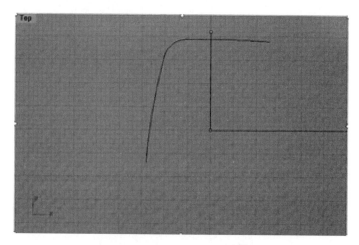

图 5-19　在 Top 试图使用【曲线圆角 】点击两曲线

（3）通过以上的方法，画出曲线。如图 5-20 所示。

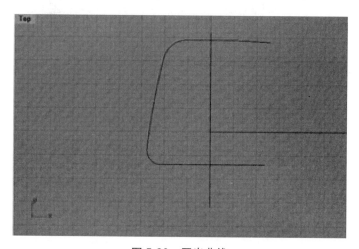

图 5-20　画出曲线

（4）使用【分割 】工具，先选中要被分割的曲线，再选中分割的线。如图 5-21所示。

（5）在 Top 选中【移动 】工具中的【镜像 】的工具。注意先选中要被镜像的曲线，再选中心轴。记住两曲线相应的端点要在一起，最后使用【组合 】工具使曲线变成一条封闭的曲线。如图 5-22 所示。

（6）使用快捷键 Ctrl+C（复制）、Ctrl+V（粘贴），如图 5-23 所示。

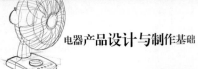

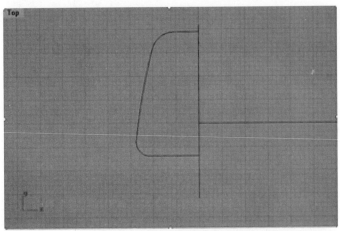

图 5-21　使用【分割　】工具

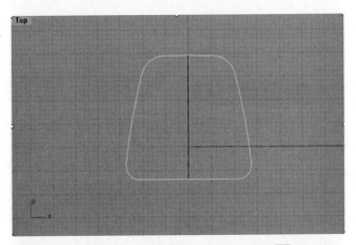

图 5-22　在 Top 选中【移动　】工具中的【镜像　】的工具

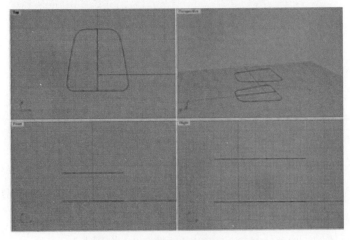

图 5-23　使用快捷键复制、粘贴

（7）打开物件锁定中的端点、中点控制。如图 5-24 所示。

图 5-24　打开物件锁定中的端点、中点控制

（8）使用【控制点曲线🔲】，要连接相对应的点，构建大框架，如图 5-25 所示。

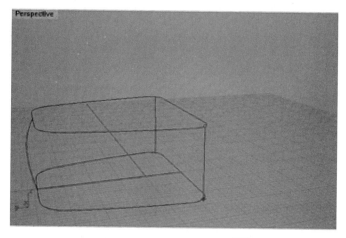

图 5-25　使用【控制点曲线🔲】

（9）使用【曲面🔲】工具中的【双轨扫掠🔲】工具，一次选择两条轨迹线和断面曲线。如图 5-26 所示。

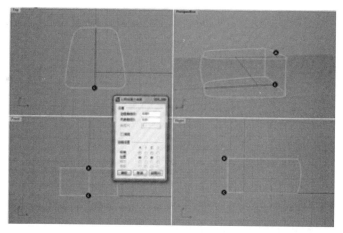

图 5-26　使用【曲面🔲】工具中的【双轨扫掠🔲】工具

（10）在 Right 视图中选用【控制点曲线】工具。如图 5-27 所示。

（11）选中要拉伸的曲线，使用【曲面】工具中的【直线拉伸🔲】命令，拉伸出超过实体的曲面，如图 5-28 所示。

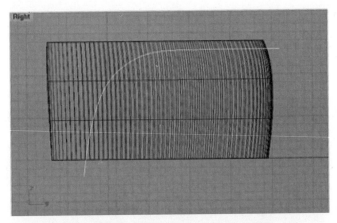

图 5-27　在 Right 视图中选用【控制点曲线】工具

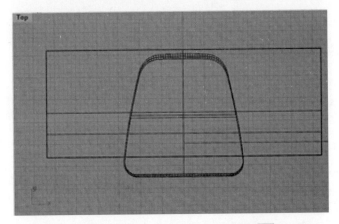

图 5-28　使用【曲面】工具中的【直线拉伸▥】命令

（12）选中实体，使用【实体●】工具里面的【布尔运算分割●】命令，再选择分割用的曲面，利用曲面分割成两个实体。如图 5-29 所示。

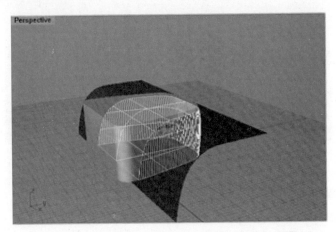

图 5-29　使用【实体●】工具里面的【布尔运算分割●】命令

（13）使用【不等距圆角🔲】命令，根据设计草图将部分倒成大圆角，部分倒成小圆角。如图 5-30 所示。

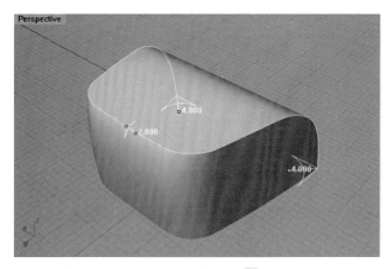

图 5-30　使用【不等距圆角🔲】命令

（14）单击新增控制杆，可以在不同的部分倒出不同的圆角。如图 5-31 所示。

选取要编辑的圆角控制杆（新增控制杆 (A)　复制控制杆 (C)　设置全部 (S)　连结控制杆 (L)=否　路径造型 (R)=成体 ┊

图 5-31　单击新增控制杆

（15）结合以上情况，制作出电饭煲外形。如图 5-32 所示。

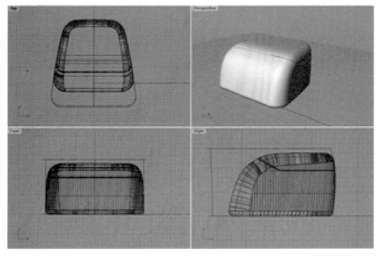

图 5-32　电饭煲外形

电饭煲手柄制作，具体步骤如下。

（1）在 Right 视图中，使用【多重直线】和【曲线圆角】工具，画出如图 5-33 所示的图形。

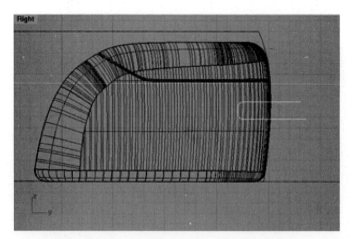

图 5-33　使用【多重直线】和【曲线圆角】工具

（2）选中曲线，使用【3D 旋转 】命令，再选择旋转中心和参照点，要调节到一定相对的位置。如图 5-34 所示。

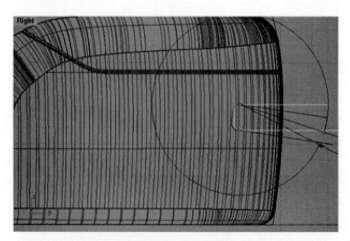

图 5-34　使用【3D 旋转 】命令

（3）使用【曲面】工具中的【直线挤出 】命令拉伸出超过实体的曲面，选择实体并使用【分割 】命令，进行分割，如图 5-35 所示。

（4）选择【曲面】工具中的【偏移曲面 】，输入所要偏移的距离。使用【隐藏物件 】将部分实体隐藏，更便于观察。如图 5-36 所示。

（5）使用【曲面】工具中的【曲面混接 】命令，点击要连接的曲线如图 5-37 所示。电饭煲手柄制作完成。

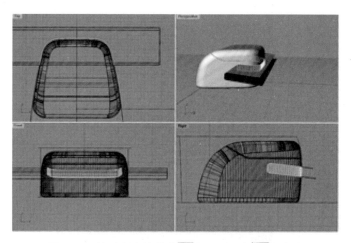

图 5-35　使用【直线挤出 ▣】和【分割 ⊥】命令

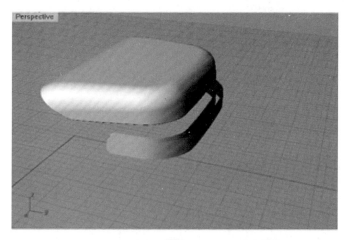

图 5-36　使用【偏移曲面 ◥】和【隐藏物件 ◐】命令

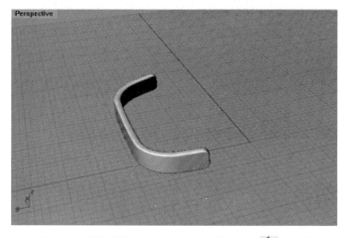

图 5-37　使用【曲面】工具中的【曲面混接 ◢】命令

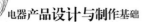

电饭煲各细节部件的制作，具体步骤如下。

（1）选择【从物件建立曲面】工具中的【复制边框 📄】命令。选中要复制的交界线，如图 5-38 所示。

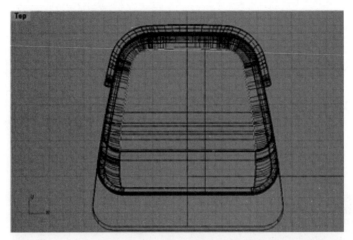

图 5-38　选择【从物件建立曲面】工具中的【复制边框 📄】命令

（2）使用【曲线】工具中的【偏移曲线 📄】命令，如图 5-39 所示。

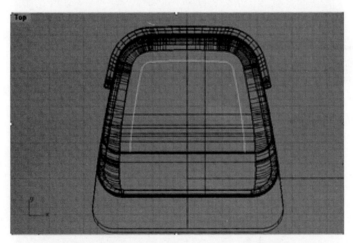

图 5-39　使用【曲线】工具中的【偏移曲线 📄】命令

（3）使用拉伸、分割、倒圆角，结合以上所述的命令制作出如图 5-40 所示。

（4）使用【实体】工具命令中的【圆柱体 🔷】和【椭圆体 ⚪】命令，注意所构建的实体相对比例应适当，椭圆体的径一定大于圆柱体的直径。如图 5-41 所示。

（5）使用【实体】工具里面【布尔运算两个物件 📄】命令，依次选中，回车。如图 5-42 所示。

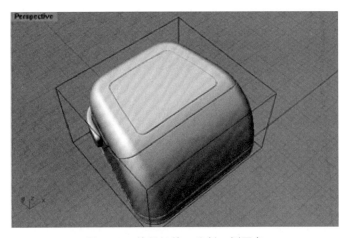

图 5-40　使用拉伸、分割、倒圆角

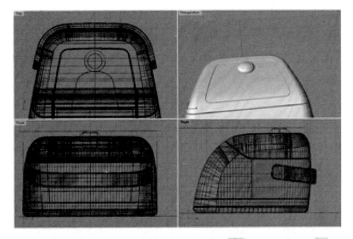

图 5-41　使用【实体】工具命令中的【圆柱体 ■】和【椭圆体 ●】命令

图 5-42　使用【实体】工具里面【布尔运算两个物件 ■】命令

（6）将按钮进行复制，实体操作，进行倒角，完成按钮制作如图 5-43 所示。

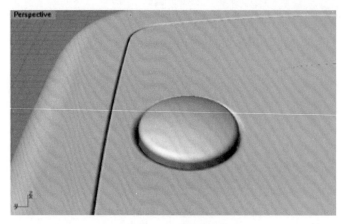

图 5-43　完成按钮制作

三维模型如图 5-44 所示。

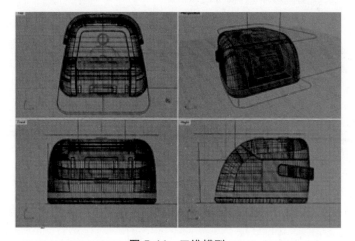

图 5-44　三维模型

（7）结合以上制作，进行按钮细节制作。做最终的效果如图 5-45 所示。

图 5-45　产品效果图

电饭煲的外壳采用了全新时尚设计，采用红白两色，在色彩材质、表面装饰上均有所突破，且顺应了当代审美的流行趋势。整体造型流畅、连贯，顶盖与面板通过红色镶件有机地连成一体。机身分明的棱线使产品更具立体感，细节上银色金属镶件的表现精致而细腻，力求美感的呈现与技术相结合。

在其操作界面的设计上，采用了较大面积的液晶显示屏和简洁的按键，使得用户操作起来更加方便、简易，减小了误操作的几率。

5.7　小结

本章主要介绍了电饭煲的一些相关基础知识，包括电饭锅的发展历史及其分类，材料及性能参数，典型产品的设计分析及设计流程。

5.8　思考与练习题

1．简述电饭煲的基本工作原理。

2．简述自动保温电饭煲的结构特点。

3．电饭煲的磁性限温受热触电断开后，能否会自动闭合？为什么？

4．电饭锅要做哪些质量检验？

5．试对家用电饭煲未来 2～3 年内的发展趋势作出自己的分析，根据分析结果作出 2～3 个设计方案。

06

第 6 章

电取暖器设计与制作基础

6.1　电取暖器概述

6.1.1　电取暖器的定义

电取暖器是一种将电能转化为热能的家庭冬季取暖电器，具有升温快、使用方便、无污染、无噪声等特点，普及程度越来越高，尤其对于我国南方冬季和北方农村等没有集中供暖的地区，作为家庭取暖使用是不错的选择。

6.1.2　电取暖器的历史、发展和现状

取暖器的发展是随着取暖方式的变革而发展的。人类的取暖方式经历了木柴取暖、木炭取暖、煤炭取暖，直到开始电能取暖后，电取暖器才开始进入人们的视野。

随着国家电力环境的改善和居民生活水平的不断提高，电暖器开始逐步走进普通家庭，在隆冬季节为广大居民带来浓浓的暖意。初期的电暖器大多采用电阻丝作为发热元件，虽然结构简单，但使用不安全，触电和着火事故时有发生，这种电暖器随着 20 世纪 80 年代末期远红外石英管电暖器的诞生而被彻底淘汰。远红外石英管电暖器采用远红外辐射加热技术，因远红外线较其他红外线更容易被辐射物体所吸收，穿透力强，可以使人体直接感受到热量，做到开机即暖。所以，它不受空间环境限制，即使在密封条件较差、空间较大、阴暗潮湿甚至室外使用，只要距离适当，都能达到较好取暖效果。石英管电取暖器有红光刺眼和体感灼热的缺点，加之寿命较短，所以被逐步改良成卤素管远红外电取暖器。卤素管属于密封一体化元件，管内充有卤素气体，可以有效保证内部电热丝的寿命，同时，它的亮度比石英管更强，辐射热量更大，为此，大都在机前设置一个晶格散热网来有效降低反射亮度，使透出的光线柔和，辐射适中。远红外电取暖器的最大优势在于它适中的价格，几十上百元的价位，深受市场认可，面市十几年来，在后续电热油汀、PTC（正温度系数）电取暖器等新品系列的强烈冲击下，始终畅销不衰，显示出强劲的生命力。20 世纪 90 年代初期，充油式即电热油汀电取暖器面市，它正赶上国内兴起的第一次装修热潮，电热油汀的造型因与传统暖气相近，既适用于豪华暗格装饰，又可随意移动使用，加之操作简单和无明火、无辐射、无噪声、自控温等特点，受到市场的关注，并迅速成为电暖市场的主导产品。电热油汀取暖器采用发热管作

为发热元件，发热管位于油汀封闭型壳体的底部，壳体内灌注有特种导热油，通电工作时，发热管周围的导热油被加热，沿油路通过散热片将热量向空间散发。导热油无需更换、添加，维护简单，使用方便，但高昂的价格是它难以在电暖市场彻底称雄的障碍。电热油汀取暖器严禁倒置或放倒使用，否则内部电热管会露出油面干烧而损坏或漏电，更不可将衣、被完全覆盖在油汀表面进行烘烤，严重堵塞散热孔时，有可能引发机体炸裂和热油四溅，烫伤人体。有烘烤衣物需求时，可选择有衣架的电热油汀或自制烘烤衣架。20 世纪 90 年代中期，PTC 电取暖器面市，它具有优异的自调温和节能特性、极低的热惯性、无明火及无辐射的安全性、超强的抗振性等优点，引发了电热领域的一场革命。推出初期因稳定性、衰减性等不过关而导致刚刚兴起的市场又归于沉寂。几年之后，在科技人员的改进和努力下，PTC 陶瓷发热元件得到进一步完善，其性能在冷暖空调中得到证实和广泛使用。PTC 电暖器最大的特点是升温迅速和体感舒适，因其采用的是强制对流式热传导方式，而强制对流系数是传统自然对流的几十倍，这使得 PTC 电取暖器的体积和重量大大缩小，可以做到只有电热油汀取暖器的 1/5 左右。它的缺点是每隔 15 天左右必须清洁入风口处的过滤网，长期不清洁将会造成入风不畅，影响升温效果，严重时更会导致机内热断路保护器动作。热断路保护器为一次性元件，断路动作后，必须送维修点更换，为消费者带来不便，PTC 电暖器不适合在环境较脏、灰尘较大的地方使用。

20 世纪末期，在各种电暖器争得火热时，冷暖空调扇也悄然面市。以格力牌 DF168 型冷暖空调扇为例，它精选长寿命镍铬发热元件，可在冬季提供强劲热风；特设冰块存储箱，使夏季吹出的冷风比室温低 3℃～5℃；采用独特的滚动式水帘清洗功能和加湿方式，除尘、除异味、净化空气，令吹出的风清新润泽，有效消除"空调症"忧虑；它独创四机一体，可当暖风机、冷风机、空气清新机、空气加湿机使用，一次投入，四季适宜。这些功能的扩展，标志着冷暖空调扇已跳出季节性产品的局限，走进四季适用电器行列，它的面市既减轻了消费者不同季节重复投资的负担，也消除了季节性产品用后收藏保养的烦恼，形成了电暖市场一道独特的跨世纪风景线。需要强调说明的是，冷暖空调扇毕竟没有压缩机，不用氟利昂，不可能实现真正意义上的制冷；只是利用了水、冰的直接蒸发降低了一部分空气温度而已，降温效果十分有限，同时它不适合潮湿地区和风湿病人使用，只有再与抽湿机合体，才可真正适用于北方和潮湿的南方，这是它未来的发展方向。

陶瓷钢电取暖器极有可能成为市场新宠，它的核心部分是联合陶瓷钢电热片。联合陶瓷钢电热片是目前世界上最薄的加热元件，它是在 840℃高温下，将陶瓷永久的熔凝在高级、轻薄的钢片表面，按相应尺寸裁剪后，采用最新发展的印刷技术，将电阻线路印制在陶瓷钢片表面，以导电性能优良的纯银电极固定电路接合点，再以高温将陶瓷烧融覆盖在表面形成保护层而制成，它表面光洁无孔，抗磨损和腐蚀性优越，抗冲击能力极强，可抵御因温度骤变引起的热冲击，防酸、碱及各类溶剂侵蚀，抗紫外线渗透，是一种科学、先进、经久耐用的新型电热元件。陶瓷钢电取暖器以造型典雅、温感舒适、操作简单、便于维护等特点风靡欧美市场。随着引进技术的不断消化和人民生活水平的进一步提高，陶瓷钢电热片将会逐步向大型音乐装饰画过渡，"看似一幅画，听像一首歌"的电暖器广告语，在不远的将来，会带领消费者走进轻松惬意的时尚新生活。

6.2　电取暖器的分类、工作原理和结构

6.2.1　电取暖器的分类

目前电暖气的分类方式很多，习惯上以散热方式划分为自然对流式、强制对流式、热辐射式 3 种。

1. 自然对流式

热空气会往上升，冷空气会往下降，这个就叫做自然对流。既然是自然对流，那么就涉及一个很重要的问题——换热面积。同样的功率下，换热面积越大，制热效果越好，并且越舒适。这种电热设备的共同优点是没有噪声、舒适性相对较好，共同的缺点是加热房间空气温度的速度比较慢。

电热油汀取暖器又叫充油式电取暖器，是最为传统也最为舒适的电取暖器。图 6-1 和图 6-2 分别是两款电热油汀取暖器。

图 6-1　先锋 DS291 电热油汀取暖器　　图 6-2　美的 NY25HK-13L 电热油汀取暖器

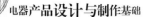

电热油汀取暖器主要由密封式电热元件、金属散热管或散热片、控温元件、指示灯等组成。电热油汀取暖器的腔体内充有导热油，它的结构是将电热管安装在带有许多散热片的腔体下面，在腔体内电热管周围注有导热油。当接通电源后，电热管周围的导热油被加热、升到腔体上部，沿散热管或散热片对流循环，通过腔体壁表面将热量辐射出去，从而加热空间环境达到取暖的目的。然后，被空气冷却的导热油下降到电热管周围又被加热，开始新的循环。这种取暖器一般都装有双金属温控元件，当油温达到调定温度时，温控元件自行断开电源。电热油汀取暖器的表面温度较低，一般不超过85℃，即使触及人体也不会造成灼伤。

电热油汀取暖器的功率越大散热片越多，散热片越多成本当然也就高。优点是安全、热效率高（几乎100%）、室内温度均匀舒适、无噪声、成本高，但相对售价低廉；唯一的缺点是温度升高速度比较慢。

快热炉以及其他形式的自然对流取暖电器如图6-3和图6-4所示。

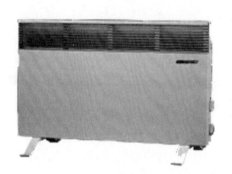

图6-3　先锋DF818薄板快热炉

图6-4　先锋DF081欧式电膜式电暖炉

这种取暖器内部结构中的加热元件可以是电热丝、电热膜、电热管、金属发热体、铝散热片，它们的共同优点是比电热油汀取暖器热得快，体积小，不占地方；缺点是室内温度不是很均匀（因为换热面积小），舒适性差一点。

2. **强制对流式（暖风机）**

暖风机是一种强制空气对流的电取暖气，俗称"电吹风"。它的内部安装有风机，把房间里面的冷空气吸入机器内部，经过电热元件加热然后吹出来。暖风机的种类一般是由其内部的电热元件来区分，常见的有电热丝和PTC电热元件。它们的共同优点是加热房间空气温度的速度快，加热效率高；共同的缺点是或多或少会有噪声。图6-5和图6-6是两款暖风机。

图 6-5　先锋 DQ091PTC 暖风机　　　　　　图 6-6　美的 NTG20-10F1 暖风机

暖风机正常工作的时候，PTC 电热元件的温度大概在 120℃～150℃，吹出的风大概 70℃左右。PTC 电热元件有一个重要特性是它有一个"居里点"。PTC 电热元件的居里点是 240℃左右，当温度超过 240℃时，它的功率会自动下降。换句话说，即便 PTC 暖风机进风口被阻塞或者风扇出现了故障，一般也不会因为机内温度过高，而造成机器损坏甚至发生火灾。

3. 热辐射式

最为常用的热辐射取暖方式就是阳光。冬天太阳照着人身上暖洋洋的，用热辐射式取暖器取暖也是这样。众所周知，热辐射是热量传递的 3 种形式之一，在热辐射的过程中，热量主要是通过波长较长的红外线来传递的。

红外线可以感受到但看不到，它可以分为两种：波长距离可见光中红光近的叫做近红外线；距离远一点的叫做远红外线。这两种红外线都能传递热量，热辐射电取暖器就分为近红外线取暖器和远红外线取暖器两种。所有红外线取暖设备的共同优点在于：它是靠光线传递热量的，所以只要打开，被它照射的物体就会感受到热量；因为不像其他取暖设备是依靠提高空气温度来传递热量，而是可以直接作用于被照射物体（比如人），所以它的经济性相对较好。所有红外线电取暖设备的共同缺点是：辐射不到的地方不热。因为近红外线和可见光非常接近，所以依靠近红外线传递热量的电取暖可见光都非常亮，浴霸是最典型的一种，如图 6-7 所示。

红外反射式取暖器的外形像一个电风扇。这种电取暖器的特点在于它有一个反射罩，热量通过反射罩"照射"到它所要照射的位置上，定位能力比较高。图 6-8 和图 6-9 是两款红外反射式取暖器。

还有一种辐射取暖器并不发光，如碳纤维辐射取暖器，如图 6-10 所示。这种取暖器的优点是不发光、能够定向传送热量。

图 6-7　浴霸

图 6-8　先锋 DF915 反射型取暖器

图 6-9　美的 NPS10-10K 小太阳

图 6-10　碳纤维管取暖器

6.2.2　电取暖器的工作原理

由于电取暖器的种类很多，因此发热的原理也各不相同。目前电取暖器的工作原理主要有以下几种。

1.　电热丝发热体

以电热丝发热体为发热材料的取暖器，是市场上较传统的暖风机。它的发热体为电热丝，利用风扇将电热丝产生的热量吹出去。缺点是停机后温度下降快，供热范围小，且消耗氧气，电热丝长期使用容易断裂。由于电热丝本身成本较便宜，所以出现丝体断裂的情况，维修费用不会过重。

2. 石英管发热体

该类产品主要由密封式电热元件、抛物面或圆弧面反射板、防护条、功率调节开关等组成。它是由石英辐射管为电热元件，利用远红外线加热节能技术，使远红外辐射元件发出的远红外线被物体吸收，直接变为热能而达到取暖目的，同时远红外线又可对人体产生生理疗作用。该类电取暖器装有 2～4 支石英管，石英管由电热丝和石英玻璃管组成，利用功率开关使其部分或全部石英管投入工作。石英管取暖器的特点是升温快，但供热范围小，容易引起明火，且消耗氧气，虽然价格较低、销量不错，但已明显呈下降趋势。

3. 卤素管发热体

卤素管是一种密封式的发光发热管，内充卤族元素惰性气体，中间有钨丝分白、黑两种。卤素管具有热效率高、加热不氧化、使用寿命长等优点。卤素管取暖器是靠发光散热的，一般采用 2～3 根卤素管为发热源，消耗功率在 900～1200 W，较适用于面积为 12 m^2 左右的房间。

4. 金属管发热体

此类产品外形同前面提到的电热丝取暖器一样，酷似电风扇。采用金属管发热，利用反射面将热能扩散到房间。配有防跌倒开关、自动摇头、手动调节俯仰角度，取暖范围大，而且表面防护罩对人体不会造成烫伤。采用这种设计避免了电热丝取暖器的电热丝容易断裂和卤素管电暖器中卤素管易损耗的弊病，但同电热丝取暖器一样，缺点是停机后温度下降快，须持续工作。

5. 碳素纤维发热体

此类产品是采用碳素纤维作为发热基本材料制成的管状发热体，利用反射面散热。发热体分为直桶形整体和长方形落地式：直桶形整体式一般采用单管发热，机身可自动旋转，为整个房间供暖。打开电源后升温速度很快，在 1～2 s 时机体已经感到烫手，5 s 表面温度可达 300℃～700℃，功率为 600～1 200W，可调节。长方形落地式采用双管发热，可以落地或壁挂使用，功率相对较大，为 1 800～2 000W。除了供暖功能外，该类产品还能起到保健理疗的功效。发热体加热时能够产生 765.9 W/m^2 的红外线辐射，相当于一部频谱理疗仪。

6. 陶瓷发热体

陶瓷发热体元件是将电热体与陶瓷经过高温烧结，固着在一起制成的一种发热元件，能根据本体温度的高低调节电阻大小，从而能将温度恒定在设定值，不会过热，具有节能、安全、寿命长等特点。这种取暖器在工作时不发光，无明火、无氧耗、送风柔和、具有自动恒温功能。PTC 陶瓷取暖器的输出功率在 800 ~ 1 250 W，可以随意调节温度，工作时无光耗，有断路器装置，高效节能，省电安全。目前 PTC 陶瓷取暖器大部分用在家庭中的浴室暖风机上和一些小卧室供暖。

7. 导热油发热体

此类产品就是市面最常见的油汀式电取暖器。电热油汀取暖器又叫充油取暖器，是近年来流行的一种安全、可靠的空间加热器。现在市场上主流产品优点包括：普通散热片型，散热片有 7 片、9 片、11 片、13 片等，使用功率在 1 200 ~ 2 000 W；具有安全、卫生、无烟、无尘、无味的特点，适用于人易触及取暖器的场所，如客厅、卧室、过道等处，更适合有老人和孩子的家庭使用；产品密封性和绝缘性均较好，也不易损坏，使用寿命在 5 年以上。缺点是热惯性大，升温缓慢，焊点过多，长期使用有可能出现焊点漏油问题。

8. 金属发热体、铝片散热

此类产品也是近年来新推出的发热形式，采用黑管（以铜管为基本材料）取代导热油为发热体，铝片为基本散热装置，升温度速度快，导热快，利用热空气上升，冷空气下降的基本原理形成空气对流，通电 1 s 内可产生热量。由于没有空气外的其他介质参与工作，所以无噪声，而且重量轻、体积小，适合立式、壁挂、嵌入等方式安装。具有防水设计，可居浴两用。

9. 蓄热式电暖器

蓄热式取暖器的工作原理是：用耐高温的电发热元件通电发热，加热特制的蓄热材料——高比热容、高比重的磁性蓄热砖，再用耐高温、低导热的保温材料将热量保存，按照取暖人的意愿调节释放速度，慢慢地将储存的热量释放出来。储存热量的多少可根据室外温度的高低进行人为调节。

6.2.3 电取暖器的结构

不同散热方式和不同的发热原理导致电取暖器的结构多种多样，下面对石英管式取暖器、电热油汀电取暖器、暖风机 3 种电取暖器的结构进行分析。

1. 石英管式电取暖器

该类电取暖器为落地、壁挂两用式，主要由外壳、机座、发热器部件、摇头装置和控制板组成，具体如图 6-11 所示。

（1）外壳由前板、菱形网罩、后壳、顶盖组成。

（2）为适应落地、壁挂使用，机座分成前、后半圆弧形，可以折叠。前机座面上装有弹簧式棘轮和立轴，棘轮用于定位，适应电取暖器不同角度送暖，立轴用于支撑外壳，使电取暖器摆动送暖。前机座底部装有推杆式安全倾倒开关。壁挂使用时，将后机座折叠，后机座能压住推杆使安全倾倒开关闭合接通电源；若落地使用时，按下锁扣，即可打开后机座，将机座放在地面，推杆被地面压住使安全倾倒开关闭合接通电源，若机座倾斜摆放或绊倒，安全倾倒开关断开，切断电源，起到保护电取暖器的作用。

（3）发热器它是电暖器核心部件，有两支石英玻璃管，管内各装有螺旋式电热丝，管子两端用瓷座或不锈钢支架固定，如图6-12所示。石英玻璃管壁内布满很多气泡，发热丝通电发出可见光，经内部晶格发生振动产生远红外线，有利于人体吸收取暖。石英发热管后面装有光亮如镜的不锈钢反射板，热量通过反射向外辐射，具有较高方向性。

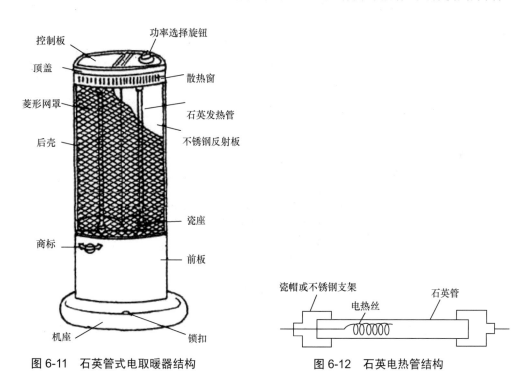

图 6-11　石英管式电取暖器结构　　图 6-12　石英电热管结构

（4）摇头装置安装在外壳下端的电器室内，由摇头开关、永磁同步电动机、偏心轮、传动片等组成。电动机以 5 r/min 的速度通过偏心轮、传动片驱动棘轮转动，使外壳导热风片在 0°～80° 范围内来回摆动，实现广角送暖。

（5）控制板设有功率选择旋钮，设有 0、1、2、3 挡，转动该旋钮实现"停止"、"单管发热"、"双管发热"和"摇头发热"等功能。

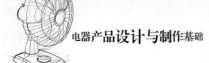
2. 电热油汀取暖器

一般的电热油汀取暖器由电加热器、导热油、散热片、温控器及外壳组成，如图 6-13 所示。

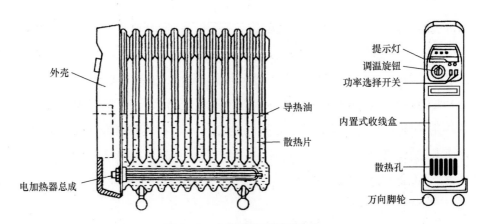

图 6-13　电热油汀取暖器结构

电加热器是电热油汀取暖器的能量转化器，可将电能转化为热能，再经过导热油、散热片将热能扩散到室内空间。电加热器结构如图 6-14 所示。

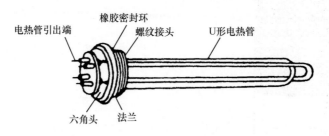

图 6-14　电加热器结构

温控器中的双金属片，由于热胀冷缩作用产生缓动，使温度在一定范围内波动，如图 6-15 所示。

图 6-15　双金属片受热状态

3．电暖风机

电暖风机一般由电热管、电动机、温度控制装置、防护罩等组成，如图 6-16 所示。

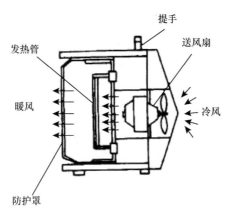

图 6-16　电暖风机结构示意图

6.3　电取暖器主要技术指标和性能参数

6.3.1　电取暖器的主要技术指标

1．尺寸

电取暖器尺寸包括长、宽、高，外形尺寸共使用者选择。

2．额定电压

电取暖器所规定的额定工作电压。

3．重量

电暖气器的重量是衡量电取暖器使用方便的一个重要指标。

4．加热方式

电取暖器的加热方式很多，加热方式的不同决定了不同的类别和型号。

5．最大功率

最大功率是电取暖器工作时所能达到的最大功率。

6．功率选择

为了便于用户根据气温的变化调节电取暖器功率的大小，一般都设置多个工作挡。这样能节约能源，起到环保节能的作用。

6.3.2　电取暖器的主要性能参数

电取暖器主要性能参数包括电气安全性能、热工性能及温度控制性能。

1．电气安全性能

电取暖器的电气安全性能主要有泄漏电流、电气强度、接地电阻、防潮等级、防触电保护等。具体要求如下。

（1）泄漏电流

在规定的试验额定电压下，测量电取暖器外露的金属部分与电源线之间的泄漏电流应不大于 0.75 mA。

（2）电气强度

在带电部分和非带电金属部分之间施加额定频率和规定的试验电压，持续时间 1 min，应无击穿或闪络。

（3）接地电阻

电取暖器外露金属部分与接地端之间的绝缘电阻不大于 0.1 Ω。

（4）防潮等级、防触电保护

不同的使用场所要求有不同的等级要求，最高在卫浴使用时要求达到 IP24 防护等级。

2．热工性能

电取暖器相关的性能指标主要有输入功率、表面温度、出风温度、升温时间等。电取暖器出厂时要求标注功率大小，这个功率称为标称输入功率，但是产品在正常运行时，也有一个运行时的功率，称为实际输入功率，这两个功率有可能不相等。输入功率是衡量电取暖器能力大小的一个重要指标。表面温度和出风温度是电取暖器使用过程中是否安全的指标，其最高温度要求对人体可触及的安装状态，接触电取暖器表面或者出口格栅时对人体不产生烫伤或者灼伤，同时对建筑物内材料不造成损害。升温时间是评判电取暖器响应时间的指标，电取暖器主要是通过对流和辐射对建筑物进行供暖，只有其表面温度或出风温度达到一定温度时才会起到维持房间温度的效果，一般升温时间指从接通电源到稳定运行时所用的时间，通常稳定运行的概念是：电取暖器外表面或出气口格栅温度的温度变化不大于 2℃，则可以认为已达到稳定运行。从节能和使用要求考虑，电取暖器升温时间越短越有利。

3．温度控制性能

电取暖器要求具备温度控制功能，所安装的温度控制器对环境温度敏感，应能在一定范围内设定温度，用户可以根据需要设定温度。通常规定温度设定范围是 5℃ ± 2℃～ 30℃ ±2℃。环境温度到达设定温度时，温度控制器应动作，且要求有一定的控制精度。

6.4　电取暖器材料和加工工艺

电取暖器种类多，且工作原理和散热方式各异，这就决定了电取暖器的材料及加工工艺多种多样，以下以热辐射式石英管取暖器和对流式电热油汀取暖器为例进行说明。

6.4.1　热辐射式石英管电取暖器

热辐射式石英管电取暖器的前板用塑料制成，里面是电气室。后壳用薄铁板制成，表面喷涂乳白色防锈漆，如图 6-17 所示。防护网罩由薄铁皮冲压而成，四周焊有骨架，表面喷涂黑色防锈漆，插装在发热器上下支架，用于防止触摸发热器伤人，且起到装饰的效果。机座用乳白色塑料制成。反射罩由不锈钢抛光制成，提高辐射效率。

图 6-17　先锋台式石英管取暖器

6.4.2　对流式电热油汀取暖器

电热油汀取暖器内腔中的导热油采用的是无毒、无渗透、热稳定性好、抗氧化性强、黏度适中、温度易控制、价格低廉的 YD 系列导热油。散热片是由 7 ～ 13 个中空金属片叠合而成。机壳总成则是用钢板冲压制成，表面加以烤漆起到装饰美化的作用，如图 6-18 所示。

图 6-18　美的电热油汀取暖器

6.5　典型产品设计

6.5.1　联创电取暖器设计

联创 DF-HT010 电取暖器外观采用超薄的形式设计，外观比较前卫；在颜色上颇具风格，采用纯白色和银灰色搭配，较为亮丽，识别率较高，颜色与整机合为一体；落地脚设计结实，移动比较方便，简洁大方。

图 6-19　所示这款联创 DF-HT010 电取暖器采用陶瓷发热管发热，升温比较迅速，3 s 快热，开关和调节旋钮设计在机体前方，操作方便；有两挡功率可供选择，1 000 W 和 2 000 W；加热功率较大，可手动进行温度调节；倾倒时可自动断电，使用安全放心；暗把手设计比较贴心，在机头和机体的尾部，便于搬移。

图 6-19　联创 DF-HT010 电暖器

6.5.2　美的电取暖器设计

美的 NDY18-10C 电取暖器的外观设计颇具中国风格，采用典雅的卷轴式设计，旁边配有祥云的图案，香槟金色与黑色搭配给人以全新的感觉，并且能与家居很好地搭配。超薄的机体设计，带有很强的时尚感，落地也很结实。可以实现快速加热，超强的远红外辐射功能，让室内受热均匀。更为人性化的设计是，本机带有加湿功能，使得在加热时周围人没有干燥的感觉，并且操作界面和加湿口都设计在卷轴上，使它不仅具有美观的功能。如图 6-20 所示。

图 6-20　美的 NDY18-10C 电暖器

6.6　电取暖器设计实训

6.6.1　市场调研

电取暖器市场中，前几位的品牌市场占有率都不高，这表明电取暖器市场集中不高。

电取暖器需求受气候影响较大，而且价格相对其他小家电并不高，随着广大消费者收入水平的提高以及电取暖器在款式、品种、功能、形状等方面的更新，它将会越来越得到消费者的认可。据有关专家预计，在未来几年内，电取暖器的需求量增长率每年将不低于 20%。

人性化设计吸引消费者关注。近年来推出的电取暖器更加注重细节设计，有的配上了简洁的支架，用来烘干衣物，使电取暖器变得更实用。还有将负离子、光触媒发生装置以及加湿装置与电取暖器结合。冬季里，人们都习惯把门窗紧闭，这样有可能会造成空气干燥、污浊、细菌滋生，有了这些设计，就有效提高了冬季室内的空气质量。此外，像艾美特新产品的防护罩采用了植绒式网罩，突破了以往仅采用钢材的网罩设计，在网罩上植上新型的绒面，这种防烫手设计得到有小孩家庭的青睐。

在温度调节方面，以前的电取暖器只能在低温、中温和高温之间转换，现在的新产品则可以像空调一样通过按键或遥控器随意设置具体温度，长达十几个小时的定时功能更是满足了人们在夜间取暖的需求。

如今消费者不仅注重功能，还越来越重视外观设计，新款电取暖器在这方面也大做文章，超薄、小巧、轻便被演绎得恰到好处。壁炉式电取暖器是比较流行的款式，它采用钢化玻璃板作为外部材料，以超薄的仿真炭火炉造型体现出既时尚又复古的风格。塔式电暖风机以它简洁的外形、小巧的体积也深受广大消费者的喜爱。

另外，普遍采用液晶显示屏也是创新设计的一大亮点，它不仅使电取暖器看起来更时尚，也使操作更直观。

6.6.2　设计要求与设计定位

通过市场调研的分析，我们对电取暖器市场及趋向有了一个大概的认识，在设计时要注意从以下几个方面入手。

在外观设计上，现在大多数电器在外形设计上都讲求简洁、精致、超薄、科技感等概念。因此，在设计外观时也要朝这个方向努力。电取暖器主要作为家庭用途，因此，主要设计方向是体积小巧、线条精练、风格简洁大方、使用方便的产品，主要以近年流行的塔式电取暖器为设计方向。

在色彩搭配上，讲求和谐、高雅，能够很好地与家居环境融合，所以色彩方案上主要采用银色、黑色、灰色、白色为主，可以适当地搭配其他色彩加以装饰；表面可以采用喷漆、贴膜等处理。具体可以采用大面积单一材质镶嵌不同材质的处理，如喷漆配以拉丝面板，可以达到丰富产品层次的效果，提高档次。

在人机关系上，产品主要设想在人机关系上做一些突破，使之更适合人们的使用。如操作界面的角度、移动的方便性等，并与机身的造型完美结合起来。

在功能上，可以加入一些便利的某些新功能，丰富产品的使用性。再加上背景灯功能，方便人们的夜间使用；烘干的功能也是不错的选择；还可以考虑利用产品的发热特性增加香薰的功能等。

6.6.3　设计草图与最终方案

明确产品的设计要求和定位后，用概念草图进行创意，设计电取暖器的形式、取暖方式、风格，如图 6-21 所示。

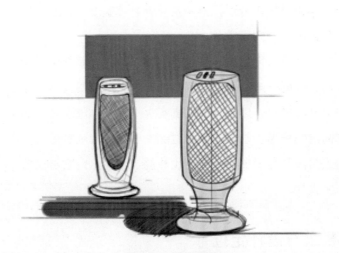

图 6-21　设计草图

综合考虑创意的新颖性、超前性、市场的接受能力、人机尺寸、交互界面、加工工艺的可行性等因素，对方案进行评估，确立可发展的设计方案。

6.6.4　电取暖器三维模型的建立

6.6.4.1　电取暖器造型表现的方法与要素

本实例要表现的电取暖器外观如图 6-22 所示。

图 6-22　本实例要表现的电取暖器外观

6.6.4.2　电取暖器建模主要流程

对本电取暖器的形态、结构、材料、功能等方面进行合理分析，分别设计底座、机身、散热网、最后统一组装。

（1）画出电取暖器整体形态的轮廓线和结构线，用切割、放样的方法得到外观形态。如图 6-23 所示。

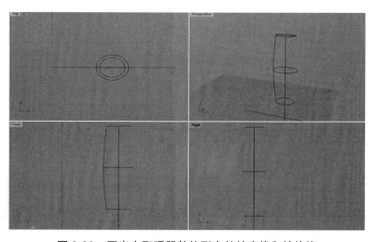

图 6-23　画出电取暖器整体形态的轮廓线和结构线

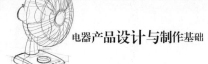

（2）用混接曲面的方式制作电取暖器的散热网。如图 6-24 所示。

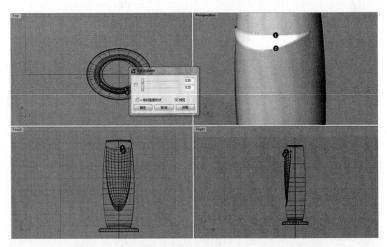

图 6-24　用混接曲面的方式制作电取暖器的散热网

（3）利用放样工具建立电取暖器的底座造型。如图 6-25 所示。

（4）最后注意各部件的比例关系，进行整体结合，如图 6-26 所示。

 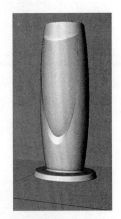

图 6-25　利用放样工具建立电取暖器的底座造型　　　　图 6-26　注意各部件的比例关系

6.6.4.3　建模过程

电取暖器机身形态创建，步骤如下。

（1）在 Front 视图上，使用【控制点曲线 】命令，画线。如图 6-27 所示。

（2）在 Top 视图上，使用【椭圆】命令里面的【椭圆直径 】工具，并将画好的椭圆调整的一定的位置，如图 6-28 所示。

（3）使用快捷键 Ctrl+C（复制）、Ctrl+V（粘贴），将复制好的椭圆曲线使用【三轴缩放 】命令调整大小，并使用。如图 6-29 所示。

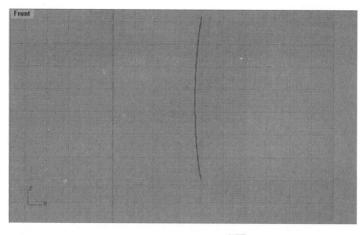

图 6-27 使用【控制点曲线 】命令

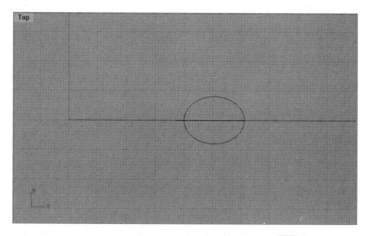

图 6-28 使用【椭圆】命令里面的【椭圆直径 】工具

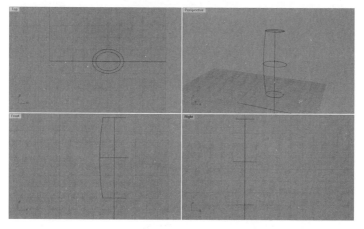

图 6-29 将复制好的椭圆曲线使用【三轴缩放 】命令调整大小

（4）选择【变动】里的【镜像 🔳】命令，选中要镜像的线段，最后选择镜像平面轴。如图 6-30 所示。

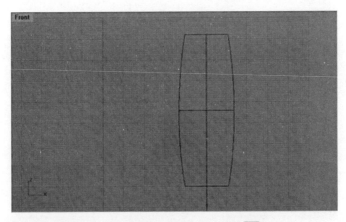

图 6-30　选择【变动】里面的【镜像 🔳】命令

（5）使用【曲面】工具里面的【双轨 🔳】命令，先选择两侧曲线为轨迹线，后选取断面曲线如图 6-31 所示。

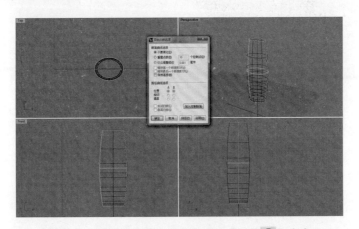

图 6-31　使用【曲面】工具里面的【双轨 🔳】命令

（6）使用【实体】工具里的【将平面洞加盖 🔳】命令，使曲面变成实体。如图 6-32 所示。

电取暖器细节制作，步骤如下。

（1）使用【不等距圆角 🔳】命令，根据设计草图将部分倒成大圆角，部分倒成小圆角。如图 6-33 所示。

（2）单击新增控制杆，可以在不同的部分倒出不同的圆角。如图 6-34 所示。

（3）分别在顶部增加 4 个控制点。如图 6-35 所示。

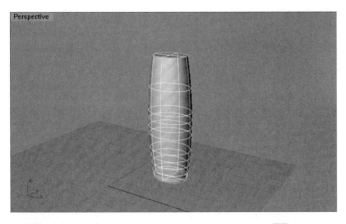

图 6-32　使用【实体】工具里的【将平面洞加盖 】命令

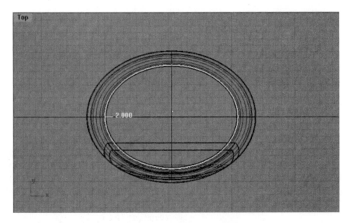

图 6-33　使用【不等距圆角 】命令

选取要编辑的圆角控制杆（ 新增控制杆 (A)　复制控制杆 (C)　设置全部　连锁控制杆 (L)　 路径造型 (R)... ）

图 6-34　单击新增控制杆

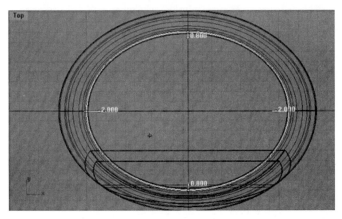

图 6-35　在顶部增加 4 个控制点

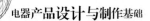

电器产品设计与制作基础

（4）最后选择空格键确定，如图 6-36 所示。

图 6-36　选择空格键确定

（5）在 Right 视图上，使用【多重直线 ∧】命令，再将直线进行倒圆角，使用【曲线圆角 ⌐】命令，画线。如图 6-37 所示。

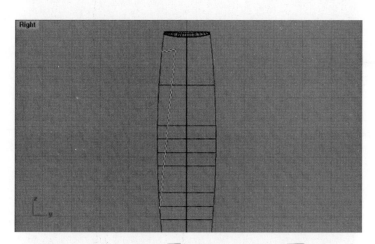

图 6-37　使用【多重直线 ∧】命令和【曲线圆角 ⌐】命令

（6）使用【曲面】工具里面的【直线挤出 ▣】命令，将曲线挤出成曲面。如图 6-38 所示。

（7）使用【实体】工具里面的【布尔运算分割 ☝】命令。将实体分割成两部分。如图 6-39 所示。

（8）选中分割后的实体，使用【炸开 ↙】命令，如图 6-40 所示。

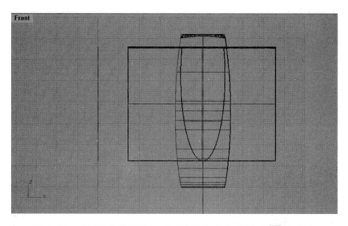

图 6-38　使用【曲面】工具里面的【直线挤出 】命令

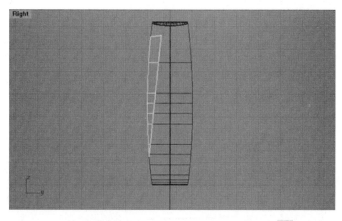

图 6-39　使用【实体】工具里面的【布尔运算分割 】命令

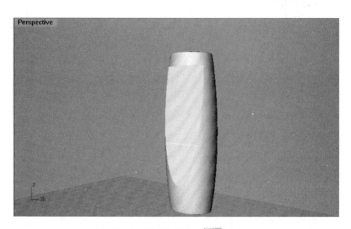

图 6-40　使用【炸开 】命令

（9）选择【从物件建立曲面】工具中的【复制边框 】命令，选中要复制的交界线。如图 6-41 所示。

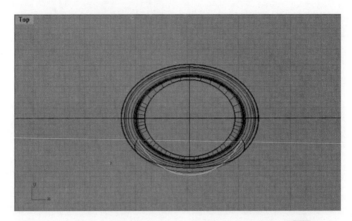

图 6-41　选择【从物件建立曲面】工具中的【复制边框 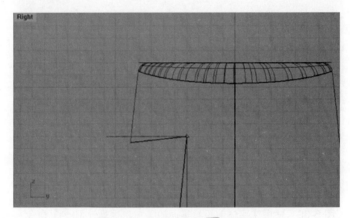】命令

（10）使用【移动 】命令，将复制的曲线移动到点上。如图 6-42 所示。

图 6-42　使用【移动 】命令

（11）选中曲线，使用【3D 旋转 】命令，再选择旋转中心和参照点，注意要调节到一定相对的位置，如图 6-43 所示。

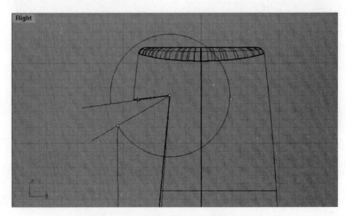

图 6-43　使用【3D 旋转 】命令

（12）在 Right 视图中选用【控制点曲线 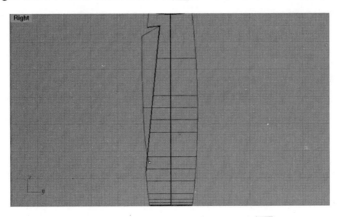】工具，如图 6-44 所示。

图 6-44　在 Right 视图中选用【控制点曲线　】工具

（13）选择【从物件建立曲面】工具中的【复制边框 】命令。如图 6-45 所示。

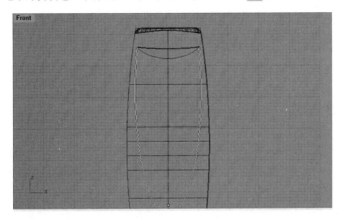

图 6-45　选择【从物件建立曲面】工具中的【复制边框　】命令

（14）确定复制曲线的端点为【单轴缩放 】的起点。如图 6-46 所示。

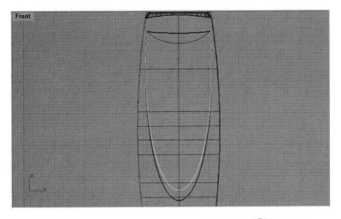

图 6-46　确定复制曲线的端点为【单轴缩放　】的起点

（15）查看所画的空间曲线，再使用【分割 】工具，先选中要被分割的曲线，再选中分割的线如图 6-47 所示。

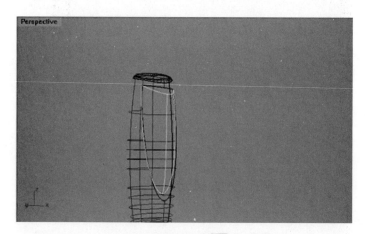

图 6-47　使用【分割 】工具

（16）使用【曲面】工具中的【单轨扫掠 】工具，选择一条轨迹线，和断面曲线。如图 6-48 所示。

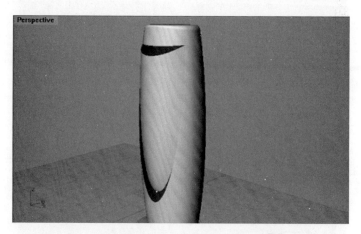

图 6-48　使用【曲面】工具中的【单轨扫掠 】工具

（17）使用【曲面】工具中的【曲面混接 】命令，点击要连接的曲线，如图 6-49 所示。

（18）在 Right 视图中使用【多重直线 】命令，画两条直线，如图 6-50 所示。

（19）选择【从物件建立曲面】工具中的【复制边框 】命令，选中要复制的交界线，再使用【曲面】工具里面的【直线挤出 】命令，选中曲线注意挤出的发现方向。如图 6-51 所示。

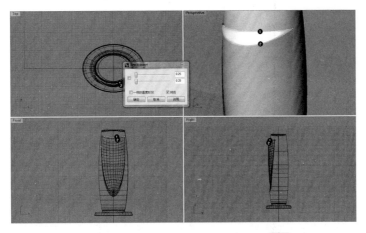

图 6-49 使用【曲面】工具中的【曲面混接 ⤵】命令

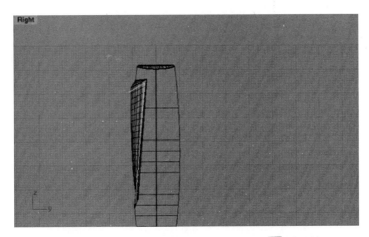

图 6-50 在 Right 视图中使用【多重直线 ∧】命令

图 6-51 使用【复制边框 ⬙】命令和【直线挤出 ▤】命令

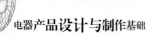

（20）使用【曲面圆角 ❀ 】，将两曲面进行倒圆角。如图 6-52 所示。

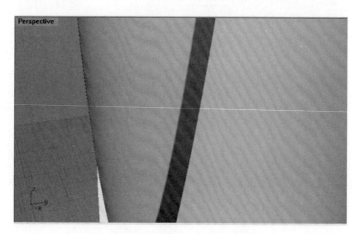

图 6-52　使用【曲面圆角 ❀ 】

电取暖器底座制作，步骤如下。

（1）在 Top 视图上，使用【控制点曲线 ❏ 】和【多重直线 ⋀ 】命令相结合，画线。如图 6-53 所示。

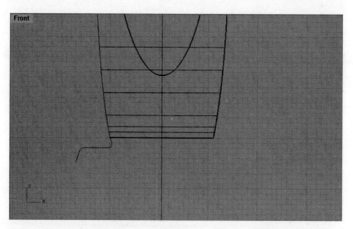

图 6-53　使用【控制点曲线 ❏ 】和【多重直线 ⋀ 】命令

（2）使用【变动】里的【镜像 ⚜ 】命令，选中要镜像的线段，最后选择镜像平面轴。如图 6-54 所示。

（3）在 Top 视图上，使用【椭圆】命令里面的【椭圆直径 ◯ 】工具，并将画好的椭圆调整到一定的位置。如图 6-55 所示。

（4）使用【曲面】工具里面的【双轨 ❀ 】命令，先选择两条轨迹线，后选取断面曲线，如图 6-56 所示。

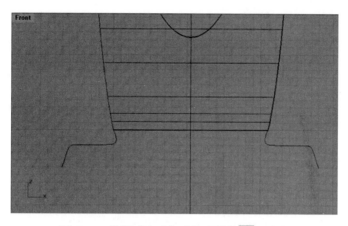

图 6-54　使用【变动】里的【镜像 🔩 】命令

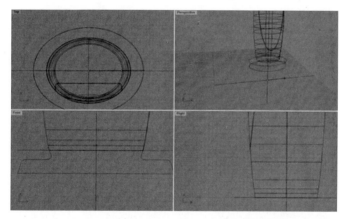

图 6-55　使用【椭圆】命令里面的【椭圆直径 ⬭ 】工具

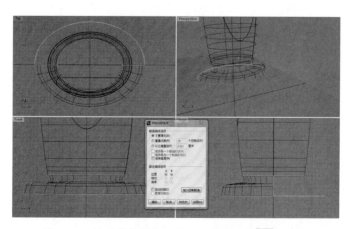

图 6-56　使用【曲面】工具里面的【双轨 🖾 】命令

（5）先应用【实体】工具里的【将平面洞加盖 🗐 】命令，使曲面变成实体。再使用【实体】工具里面的【不等距边缘圆角 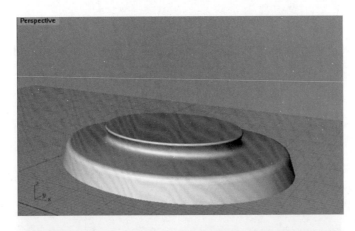 】命令，选择要倒圆角的实体边缘线。（注意圆角倒的大小与整体的比例），如图 6-57 所示。

图 6-57　使用【将平面洞加盖 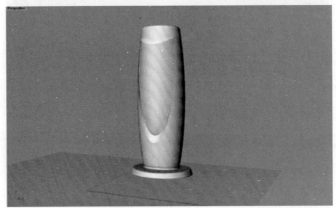 】和【不等距边缘圆角 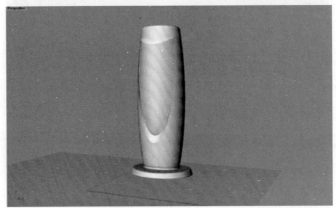 】命令

（6）将隐藏的模型显示出来，制作完的灯具模型如图 6-58 所示。

图 6-58　制作完的灯具模型

（7）选择颜色配制方案，将制作好模型渲染，得到的效果图，如图 6-59 所示。

图 6-59　最终效果图

6.7　小结

本章节主要介绍了电取暖器的一些相关基础知识，包括电取暖器的发展历史、分类、工作原理、材料、性能和技术参数，最后列举了几个优秀的设计案例进行分析，让读者能更深层次地理解电取暖器的设计过程。

6.8　思考与练习题

1. 按对人体传送热量的形式电取暖器可分为哪两种类型？它们的区别是什么？
2. 散热式电取暖器有哪几种类型？分别说明其结构特点。
3. 简述远红外电取暖器的工作原理。
4. 调查目前电取暖器市场状况，思考电取暖器的行业标准应该包括哪些内容。

07

第 7 章
洗衣机设计与制作基础

7.1　洗衣机概述

7.1.1　洗衣机的定义

洗衣机是利用电能产生机械作用力来洗涤衣物的清洁用电器。洗衣机的结构主要包括箱体、洗涤脱水桶（有些洗衣机的洗涤桶和脱水桶分开）、传动和控制系统，部分洗衣机产品还装有加热烘干装置。

7.1.2　洗衣机的历史、发展和现状

1858 年，美国人汉密尔顿·史密斯在匹茨堡制造出了世界上第一台洗衣机。该洗衣机的主件是一只圆桶，桶内装有一根带有桨状叶子的轴。同年，史密斯取得了这台洗衣机的专利权。这台洗衣机使用起来很费力，而且容易损伤衣服，因此没有被广泛使用，但这却标志着用机器洗衣的开端。1859 年，德国出现了一种用捣衣杵作为搅拌器的洗衣机，当捣衣杵上下运动时，装有弹簧的木钉会连续作用在衣服上。19世纪末期的洗衣机已发展到一只用手柄转动的八角形洗衣缸，洗衣时缸内放入热肥皂水，衣服洗净后，由轧液装置把湿衣服挤干。早期的洗衣机草图如图 7-1所示。

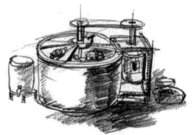

图 7-1　早期的洗衣机草图

1874 年，美国人比尔·布莱克斯发明了木制手摇洗衣机。布莱克斯发明的洗衣机构造极为简单，是在木筒里装上叶片，用手柄和齿轮传动，使衣服在筒内翻转，从而达到"净衣"的目的。这套装置问世后，洗衣机改进过程大大加快。图 7-2是早期的木制洗衣机，图 7-3 是早期的洗衣机操作。

1880 年，美国出现了蒸汽洗衣机，蒸汽动力开始替代人力。经过上百年的发展和改进，现代蒸汽洗衣机较早期有了非常大的提高，但原理大致相同。现代蒸汽洗衣机的功能包括蒸汽洗涤和蒸汽烘干，采用了智能水循环系统，可用高浓度洗涤液与高温蒸汽同时对衣物进行双重喷涂，贯穿全部洗涤过程，实现了"蒸汽洗"全新洗涤方式。与普通滚筒洗衣机在洗涤时需要加热整个滚筒的水不同，蒸汽洗涤是以深层清洁衣物为目

的，当少量的水进入蒸汽发生盒并转化为蒸汽后，通过高温喷射分解衣物污渍。蒸汽洗涤快速、彻底，只需要少量的水，同时可节约时间。对于放在衣柜很长时间产生褶皱、异味的冬季衣物，能让其自然舒展，抚平褶皱。蒸汽烘干的工作原理则是把恒定的蒸汽喷洒在衣物上，待衣物舒展开后，再进行恒温冷凝式烘干。通过这种方式，不仅使厚重衣物干得更快，还具有舒展和熨烫的效果。继蒸汽洗衣机后，水力洗衣机、内燃机洗衣机也相继出现。

图 7-2　早期的木制洗衣机

图 7-3　早期的洗衣机操作

1910 年，美国人费希尔在芝加哥成功研制了世界上第一台电动洗衣机。电动洗衣机的问世，标志着人类家务劳动自动化的开端。

1922 年，美国玛塔依格公司改造了洗衣机的洗涤结构，把拖动式改为搅拌式，使洗衣机的结构固定下来，这便是第一台搅拌式洗衣机。这种洗衣机是在桶的中心装上一根立轴，在立轴下端装有搅拌翼，电动机带动立轴，进行周期性的正反摆动，使衣物和水流不断翻滚，相互摩擦，以此涤荡污垢。搅拌式洗衣机结构科学合理，受到人们的普遍欢迎。

1932 年，美国本德克斯航空公司宣布，他们研制成功了第一台前装式滚筒洗衣机，洗涤、漂洗、脱水在同一个滚筒内完成。这意味着电动洗衣机的形式跃上了一个新台阶，朝着自动化又前进了一大步。

1937 年，第一台自动洗衣机问世。这是一种"前置"式自动洗衣机，靠一根水平的轴带动的缸可容纳 4 000 g 衣服。衣服在注满水的缸内不停地上下翻滚，实现去污除垢。到了 20 世纪 40 年代便出现了现代的"上置"式自动洗衣机。随着工业化的加速，世界各国也加快了洗衣机研制的步伐。首先由英国研制并推出了一种喷流式洗衣机，它是靠筒体一侧的运转波轮产生的强烈涡流，使衣物和洗涤液一起在筒内不断翻滚，洗净衣物。

1953 年 8 月 26 日，日本第一台喷流式洗衣机在三洋公司诞生。这种被命名为SW-53 型的新型洗衣机具有占地面积小、洗涤时间短、省电、省水等明显的优点，而且价格低廉，只有搅拌式洗衣机售价的一半。它在市场上的首次亮相就引起了抢购风潮。

20 世纪 60 年代的日本出现了带干桶的双桶洗衣机，人们称之为"半自动型洗衣机"。20 世纪 70 年代，生产出波轮式套桶全自动洗衣机。20 世纪 70 年代后期，以计算机控制的全自动洗衣机在日本问世，进入了洗衣机发展史的新阶段。图 7-4 是现代波轮洗衣机，图 7-5 是现代滚筒洗衣机。

图 7-4　现代波轮洗衣机

图 7-5　现代滚筒洗衣机

1978 年，中国第一台全自动洗衣机在无锡小天鹅诞生，标志着中国洗衣机进入全自动的时代。到了 20 世纪 80 年代，"模糊控制"的应用使得洗衣机操作更简便，功能更完备，洗衣程序更随人意，外观造型更为时尚。

20 世纪末，随着电动机调速技术的提高，洗衣机实现了宽范围的转速变换与调节，诞生了许多新水流洗衣机。此后，随着电动机驱动技术的发展与提高，日本生产出了电动机直接驱动式洗衣机，省去了齿轮传动和变速机构，引发了洗衣机驱动方式的巨大革命。之后随着科技的进一步发展，滚筒洗衣机已经成了大家耳濡目染的产品。随着洗衣机的不断创新，人们的生活方式也在不断的变化着。

7.2　洗衣机的分类、工作原理和结构

7.2.1　洗衣机的分类

1. 按自动化程度分类

按照自动化程度，洗衣机可分为普通洗衣机、半自动洗衣机和全自动洗衣机三大类。

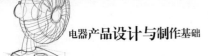

（1）普通洗衣机

指洗涤、漂洗、脱水各功能的转换都需要人工操作的洗衣机，虽有定时器可以控制洗涤、漂洗与脱水的时间，但其他操作均需手动实现。

（2）半自动洗衣机

指在洗涤、漂洗、脱水功能之间，其中任意两个功能转换不用人工操作而能自动进行的洗衣机，一般从进水、洗涤、漂洗、直到排水，通过程序控制器自动进行，而脱水则需要手工将衣物从洗衣桶中取出放入脱水桶内。

（3）全自动洗衣机

指同时具有洗涤、漂洗和脱水功能，它们之间的转换不用手工操作而能自动进行的洗衣机，在选定的工作程序内，整个洗衣过程由机电（机械）式或微机（电子）式程序控制器自动控制。

近几年出现的所谓"模糊理论"控制的全自动洗衣机，采用大规模集成电路和各种高精度传感器，使得全自动洗衣机在自动地测定衣物的肮脏程度、布料的软硬和洗衣量的多少等这些在过去很难获得的数据方面成为现实和可能。微机程序控制器可以根据收集到的各种测试数据，自动地安排洗涤程序，并且在整个洗衣过程中，不断地自动调整程序，使洗衣过程的程序编排得更加合理，达到进一步节水、节电的目的。

2. 按洗涤方式分类

按照洗涤方式，洗衣机主要分为波轮洗衣机、滚筒洗衣机和搅拌式洗衣机三大类，还有其他较少见洗涤方式的洗衣机（如喷流式、振动式等）。

波轮式、滚筒式、搅拌式全自动洗衣机分别占全球洗衣机市场份额的 33%、55% 和 12%。由于使用习惯及地域性的因素，搅拌式洗衣机目前在我国占的份额很小。

（1）波轮式洗衣机

波轮式洗衣机又称波盘式洗衣机，在立式的洗衣桶内安装有搅动水流的波轮，被洗涤的衣物浸泡在洗涤水中，依靠波轮连续或定时正反转动的方式进行洗涤。洗衣机主要是由电动机带动波轮转动，衣物随水不断上下翻滚。转动时间为 30 s，停止为 5 s 的称为涡轮式；转动时间少于 15 s，停止时间少于 5 s 的称为新水流式。新水流式的优点是洗净率高，对衣物磨损较小，结构简单，价格低廉，体积小，重量轻，耗电省；缺点是用水量较大，洗衣量较小。

单桶的波轮式洗衣机具备洗涤和漂洗功能，因其结构简单、操作方便、体积小、价格便宜、洗涤一般衣物省时、省力等而深受一般用户欢迎。图 7-6 和图 7-7 是两款单桶波轮式洗衣机。

图 7-6　韩国三星单桶波轮式洗衣机　　　　图 7-7　宁波科飞波轮式洗衣机

　　双桶的波轮式洗衣机实质上是单桶洗衣机与脱水机的组合。它们各自的电动机以及定时器彼此动作互不干涉。在脱水桶壁上设有许多小孔，脱出去的水由此孔排出。电动机通过制动鼓、联轴器和橡胶囊与脱水桶接成一体。通过转动产生的离心力使水分被甩出，并从下水管流出。图 7-8 和图 7-9 是两款双桶的波轮式洗衣机。

图 7-8　松下双桶波轮式洗衣机　　　　图 7-9　科飞双桶波轮式洗衣机

（2）滚筒式洗衣机

　　滚筒洗衣机在设计时模仿了棒槌击打衣物的原理，被洗涤物放在滚筒内，部分浸泡于水中，利用电动机的机械做功使滚筒连续旋转或定时正方向转动的方式进行洗涤，衣物在滚筒中不断地被提升摔下，再提升、再摔下，做重复运动，加上洗涤剂和水的共同作用使衣物洗涤干净。所以，衣物在洗涤过程中不缠绕、洗涤均匀、磨损小，所以就连羊绒、羊毛、真丝衣物也能在机内洗涤，做到真正的全面洗涤。其优点是洗净率高，对衣物磨损小，特别适合于洗涤毛料织物，用水量少，并且大都有热水装置，便于实现自动化；缺点是耗电量较大，噪声较大，结构复杂，价格高，体积偏大。图 7-10 和图 7-11 是两款滚筒洗衣机。

图 7-10　博世滚筒洗衣机

图 7-11　海尔滚筒洗衣机

（3）搅拌式洗衣机

搅拌式洗衣机又称为摆动式（摇动式）洗衣机，被洗涤物浸泡于洗涤水中，依靠搅拌叶（摆动叶）往复运动的方式进行洗涤。通常在洗衣桶中央竖直安装有搅拌器，搅拌器绕轴心在一定角度范围内正反方向摆动，搅动洗涤液和衣物，好似手工洗涤的揉搓。其优点是洗衣量大，功能比较齐全，水温与水位可以自动控制，并备有循环水泵；缺点是耗电量大，噪声较大，洗涤时间长，结构比较复杂，价格高。

3. 按结构形式分类

按照洗衣机的结构形式，可以分为普通型单桶、双桶、多桶型、全自动波轮式、前装式全自动滚筒式、顶装式全自动滚筒式等。

7.2.2　洗衣机的工作原理

1. 波轮洗衣机的洗涤原理

洗衣机的洗涤原理是由模拟人工搓、揉衣物的原理而发展起来的，它靠电动机提供动力，通过对衣物和水的摩擦、翻滚、冲刷等机械作用和洗涤液的表面活化作用，将附着在衣物上的污垢去掉，达到洗净衣物的目的。洗涤衣物的过程在于破坏污垢在衣物纤维上的附着力，并使其脱离。

当波轮在电动机带动下做正反方向旋转时，洗涤液在洗衣桶内受到水平方向和垂直方向的两个作用力。由于洗涤液与衣物之间的摩擦力和桶壁与衣物的摩擦，两个力的作用方向与大小均不断变化，从而产生水平和垂直运动着的两个涡流。靠近波轮处的涡流较急，而四周桶壁涡流较平缓，它们的合成作用就形成了衣物在洗衣桶内的强烈翻滚，同时在衣物之间、衣物与桶壁之间产生了摩擦力与撞击力。这样反复的机械运动，便产生了类似手工洗衣时的手搓、棒打的洗涤效果，从而达到洗净的目的。

2．波轮洗衣机的漂洗原理

双桶洗衣机的漂洗过程可以在洗涤桶内进行，也可以在脱水桶内进行，漂洗方式主要有蓄水漂洗、溢流漂洗和喷淋漂洗。对于普通双桶洗衣机，可以在洗涤桶内进行蓄水漂洗和溢流漂洗，在脱水桶内进行漂洗的方式是喷淋漂洗。

3．波轮洗衣机的脱水原理

波轮双桶洗衣机的脱水系统由脱水桶、脱水外桶（双连桶）、内盖、轴承座组成。脱水外桶（双连桶）呈方型，固定不动，脱水桶呈圆形，在桶壁上有许多圆孔，工作时，脱水内桶作高速旋转，靠离心力将吸附在衣物上的水分甩出桶外，起到脱水作用。全自动洗衣机的内筒既是脱水桶又是洗衣桶，为了减少它的噪声及碰撞外桶现象。通常在它的顶端装一个液体平衡环。液体平衡环是空心圆环，环内装有占总容积 70% 的高浓度盐水（以保证在高寒地区冬天不结冰），脱水时，若因桶内的衣物分布不均匀而出现失衡状态，平衡环内的液体会自动流向偏轻的一侧，使脱水桶达到平衡，以免因失衡而引起严重振动和噪声现象。多数洗衣机采用离心式脱水方式，波轮洗衣机是垂直离心脱水式。离心式脱水转速一般为 500 ～ 1 500 r/min，依靠离心力的作用能够将衣物内的水甩掉。离心式脱水与人工手拧相比，具有含水率低、不损伤布料、脱水均匀、无起皱等特点。波轮全自动洗衣机脱水转速一般约为 700 ～ 800 r/min；波轮双桶洗衣机脱水转速一般约为 800 ～ 1 500 r/min。

4．滚筒洗衣机的工作原理

滚筒洗衣机的最初原理是利用机械滚动，衣服在一个滚筒内不断被提升摔下，模仿最原始的棒槌击打衣物来清洁。除此之外，现在的滚筒内还会通过内筒旋转和水流的冲击来达到清洁衣物的效果。

滚筒洗衣机的工作原理是依靠装在洗衣桶底部的波轮正、反旋转，带动衣物上、下、左、右不停地翻转，使衣物之间、衣物与桶壁之间，在水中进行柔和地摩擦，在洗涤剂的作用下实现去污清洗。波轮式洗衣机中产生机械力作用的主要部件是波轮，它设置在洗涤桶的桶底，在电动机的驱动下重复作"正转—停—反转—停—正转"运动。波轮旋转时对洗涤液的作用力可以分解为与转轴平行方向的轴向力、在波轮平面内的切向力和径向力。轴向分力可以减少衣物与波轮的摩擦，切向分力使洗涤液产生水平方向的涡流，径向分力将洗涤液甩向桶壁．使之沿桶壁上升，造成波轮中心区的负压。因存在压力差，四周的液体迅速向下流动，以弥补波轮四周的液体，这样就形成了洗涤桶内上翻滚的流场。

正是由于这种工作原理，滚筒洗衣机的优点是对衣服清洗比较柔和，对衣服的磨损不严重，但是洗涤的时间会相对比一般波轮洗衣机长。

7.2.3　洗衣机的结构

波轮洗衣机主要是由洗衣桶、电动机、定时器、传动部件、箱体、箱盖及控制面板等组成。控制部件由电动程控器、水位开关、安全开关（盖开关）、排水选择开关、不排水停机开关、储水开关、漂洗选择开关、洗涤选择开关等组成。如图 7-12 所示。

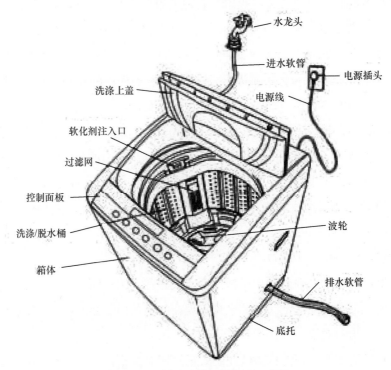

图 7-12　波轮洗衣机的结构示意图

滚筒洗衣机的基本结构主要由洗衣机外壳、机架、不锈钢内桶、机械程序控制器组成，如图 7-13 所示。由于结构部件大都属于金属类的部件，一般比塑胶波轮式洗衣机使用寿命要长，正常工作可以达到 15~20 年。

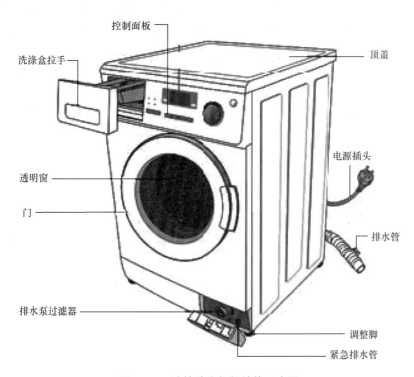

图 7-13　滚筒洗衣机的结构示意图

7.3　洗衣机主要技术指标和性能参数

7.3.1　洗衣机的主要技术指标

国家标准《GB/T 4288-2008 家用和类似用途电动洗衣机》中明确提出了洗衣机主要的性能指标。

洗衣机使用环境条件要求周围环境温度为 0℃～40℃，空气的相对湿度在 95% 以下（25℃时）。洗衣机使用的电源为单向交流，额定电压为 220～250 V，额定频率为 50 Hz（特殊要求除外）。按照洗衣机产品使用说明书的要求操作，洗衣机应能够启动运转，并能完成产品使用说明书所述功能。洗净性能要求洗净比应不小于 0.70。对于织物的磨损率，波轮式洗衣机小于或等于 0.15%，滚筒式洗衣机应小于或等于 0.10%。洗衣机的漂洗性能要做到洗涤物上残留漂洗液相对实验用水的碱度小于或等于 0.016×10^{-2} mol/L（摩尔浓度）。洗衣机的噪声在洗涤、脱水时的声功率级噪声值应小于或等于 72 dB。

洗衣机中的紧固件及其他零部件应符合有关国家标准的规定，其易损件应便于更换。洗衣桶内壁及洗涤物接触的零部件表面应光滑，正常使用时，不应夹扯和损伤洗涤物。洗衣机在洗涤过程中，盖子扣好后，水不应溢到机外。洗衣机手动挤水辊面应采用弹塑性材料，其表面不应有气孔、气泡、裂纹等缺陷，正常使用时不应损坏洗涤物。洗衣机应有水位控制装置，或在洗衣桶内壁应有明显的最高水位和最低水位的耐久性标志。洗衣机使用 55℃热水，按最长洗涤程序运转，至少一个周期应能正常工作。洗衣机的钢铁零件（不锈钢除外），表面应进行防锈处理，如采用电镀、涂漆、搪瓷或其他有效的防锈蚀处理。洗衣机电镀件表面应光滑细密、色泽均匀，不得有剥落、针孔、鼓泡、明显的花斑和划伤等缺陷。洗衣机塑料件表面应平整光滑、色泽均匀、耐老化，不得有裂纹、气泡、缩孔等缺陷。洗涤桶应具有耐腐蚀、耐碱、耐摩擦和耐冲击等性能，外形光整，表面光等。

7.3.2　洗衣机的主要性能参数

1. 洗涤性能参数

（1）额定洗涤容量

又称额定洗衣量，是指洗衣机在正常洗涤条件下，能够洗涤的干衣物的最大重量，单位为 kg。

（2）额定用水量

指洗涤额定衣量时所需要的水量，单位为 L，额定洗涤容量与额定水量之比取 1:20（波轮式）或 1:13（滚筒式）。

（3）洗净性能

用洗净比来衡量洗衣机的洗净性能。它由被测洗衣机的洗净率与参比洗衣机的标准洗净率的相对比值决定。国家标准规定洗衣机的洗净比不小于 0.8。

（4）织物磨损率

磨损率是衡量洗衣机对衣物机械磨损程度的指标。通过测量在洗涤水及漂洗水中过滤所得分离纤维及绒渣的重量，来确定洗衣机对标准织物的磨损程度。即磨损率等于过滤所得纤维、绒渣的重量与额定负载重量的比值。波轮式洗衣机的磨损率不得大于 0.2%。

（5）脱水率

脱水率是指额定脱水容量与额定脱水容量的负载，经漂洗脱水 5 min 后重量的比值。

要求离心式脱水桶的脱水率大于 45%。

2. 电气性能参数

（1）额定电压

指洗衣机工作时使用的电压，如单相交流 220 V、50 Hz。

（2）额定电流指洗衣机满载工作时，在额定电压条件下所使用的电流值，单位为安培（A）。

（3）额定功率

洗衣机铭牌上标注的额定功率是指洗衣机电动机轴上输出的功率，对于使用两台电动机（洗涤电动机与脱水电动机）的洗衣机，则标明洗涤功率和脱水功率。

（4）绝缘电阻

洗衣机带电部分与非带电的机箱金属部分之间的绝缘电阻值，规定用 500 V 绝缘电阻表测量，无论热态和潮态，绝缘电阻不应小于 2 MΩ 冷态或干燥是应大于 10 MΩ。

（5）温升

指电动机温升，F 级绝缘是不超过 75℃；对于电磁阀的温升，B 级绝缘不超过 80℃。

3. 其他性能参数

（1）定时器指示误差

5 min 脱水定时器误差应不超过 ±1 min，15 min 洗涤定时器误差不应超过 ±2 min，程序控制器的定时误差应不超过 ±2 min。

（2）排水时间

在洗涤桶中注入额定洗涤水量。在不放入洗涤物的情况下，2.5 kg 以下容量的洗衣机排水时间不超过 2 min；容量 3.5 kg 的洗衣机排水时间不超过 3 min。

（3）噪声

洗衣机在洗涤、脱水时的噪声均不应大于 75 dB。

（4）振动

洗衣机在额定工作状态下运转达到稳定时，用测振仪测量机箱前后左右各侧面中心部位的振幅，应不大于 0.8 mm；机盖中心部位的振幅不应大于 1 mm。

（5）制动性能

离心式脱水装置和脱水机在额定负载情况下使脱水桶转速达到稳态，其线速度超过 40 m/s，桶转速超过 60 r/min 时，洗衣机应装有防止机盖或机门打开装置，当机盖或机门打开超过 12 mm 时，脱水电动机应能断开电源并且脱水桶转速不能超过 60 r/min。

洗衣机性能参数还包括洗衣机的型号、最大载量、外形尺寸（长×宽×高）、电动机功率等。

在洗衣机型号中，从左至右排第一位的代号"X"表示洗衣机，"T"表示脱水机；第二位的代号表示自动化程序，"P"表示普通型，"B"表示半自动型，"Q"表示全自动型；第三位代号表示洗涤方式，"B"表示波轮式，"G"表示滚筒式，"D"表示搅拌式；第四位表示规格代号；第五位表示工业设计序号；第六位表示结构型式代号，"S"表示双桶洗衣机，单桶洗衣机则不标。

洗衣机最大载量是指洗衣机能够承受的最大衣物重量，单位通常为kg。需要注意的是，洗衣机的不同洗涤程序所规定的洗涤容量各不相同，所以称之为最大洗涤容量。最大洗涤容量通常指的是干衣的重量。

洗衣机的电动机主要有一般的传动带电动机和DD直驱电动机，一般为传动带电动机。电动机的转动需要通过传送带传输到内桶，这种电动机的问题是电动机与内桶不同轴，转动时振动很大，同时传动带容易松动打滑，造成传动中能量的损失，使得传动带老化。传动带需要定期更换，电动机寿命也会减短。DD直驱电动机为直流变频电动机，电动机直接安装在内桶上，与内桶同轴转动，DD电动机技术的出现打破了滚筒洗衣机比波轮洗衣机耗电的常规，DD直驱技术改变了以往用传动带作为介质的运转方式，使电动机效能达到传统电动机的16倍，节能35%左右，使滚筒洗衣机在能耗方面也丝毫不比波轮洗衣机逊色。同时，DD直驱技术还解决了滚筒洗衣机振动大、噪声大的难题。

7.4 洗衣机材料和加工工艺

7.4.1 洗衣机外壳

目前市场上洗衣机外壳材料大致分为金属材料和塑料，金属材料主要包括有不锈钢材料、镀锌钢板以及PCM彩板；塑料主要是PVC（聚氯乙稀）和ABS工程塑料。

PVC材料是世界上产量较大的塑料产品之一，价格便宜，应用广泛。聚氯乙烯树脂为白色或浅黄色粉末，根据不同的用途可以加入不同的添加剂，可呈现不同的物理性能和力学性能。在聚氯乙烯树脂中加入适量的增塑剂，可制成多种硬质、软质和透明制品。

ABS树脂是一种强度高、韧性好、易于加工成型的热塑型高分子材料。因其强度高、耐腐蚀、耐高温，而常被用于制造仪器的塑料外壳。

不锈钢材料的特点是表面美观以及使用多样化；耐腐蚀性能好，比普通钢长久耐用；强度高，因而薄板使用的可能性大；耐高温氧化及强度高，因此能够抗火灾；常温加工，容易塑性加工，不必进行表面处理，所以加工简便、维护简单；清洁，光表粗糙度值低。

PCM 彩板即连续辊涂彩色钢板，其色彩鲜艳，不仅具有良好的成型加工性、漆膜耐腐蚀性和柔韧性，而且具有良好的经济效益，可满足社会经济、环保发展的要求。根据 ECCA（欧洲卷涂协会）数据统计，PCM 彩板在生产率、周转储存、环保效应、外观效果方面均优于传统的喷粉板材，其综合成本仅相当于喷粉板材的 90% 左右。因此，在欧美地区家电外装饰材料几乎都采用该类彩板。

彩色涂钢板 PCM 将传统的喷涂涂装变成钢板的连续涂布，便于表面处理及控制涂布质量，且不存在涂装易产生的棱边死角等缺陷；另外，采用无铬处理液进行辊涂式化学处理后直接干燥，无传统浸涂式化学处理对环境的污染和破坏，满足环保要求。

7.4.2　洗衣机内桶

洗衣机的内桶也大致分为金属材料和塑料，现在内桶材料的抗菌性也越来越受到人们的重视。目前市面上带抗菌功能的洗衣机不外乎材料抗菌和高温抗菌两种。在材料抗菌方面，洗衣机的内桶选材成为关键，不少内桶采用了抗菌材料。如 LG 的 DD 直驱滚筒洗衣机内桶采用银纳米 PP 高分子复合材料，内桶上形成保护膜，可以防止细菌繁殖，去除黄色葡萄球菌。三星新上市的"银离子"洗衣机则在内筒边缘安装了银离子发生器，通过银离子的电解释放于水，达到抑菌的效果。无菌波轮全自动洗衣机在使用一段时间后，塑料内桶的背面及波轮的底部常常会存积一些污垢，若环境潮湿，有利于霉菌的滋生，对衣物洗涤造成污染，危害人体健康。目前大部分生产厂家均推出了不锈钢内桶，它不仅防霉、防腐，而且美观、耐用。对于洗涤波轮注塑成型时，在其基料中掺入一些具有抗菌作用的微量元素，也可有效抑制波轮表面霉菌的产生。

7.5　典型产品设计

随着人们生活水平的提高，人们对于洗衣机的要求越来越高、越来越细致，从外观

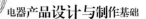

到功能，从色彩到人机交互，每一个细节都是消费者考虑的重点。

7.5.1　奥克斯全自动洗衣机设计

宁波奥克斯集团是中国 500 强企业、中国大企业集团竞争力前 25 强、中国信息化标杆企业、国家重点火炬高新技术企业。

奥克斯公司一直都在不断摸索和创新，努力设计出更优秀的产品给人们的生活带来便利和乐趣。

奥克斯 XQB56-725 全自动洗衣机在外壳上采用了全塑 ABS 工程材料，永不生锈，终身不发黄，而且耐用。整体简单大方，工作区域划分明显，给人整洁的视觉效果。色彩上采用传统的中国红颜色，符合中国家庭的审美习惯。如图 7-14 和图 7-15 所示。

图 7-14　奥克斯洗衣机 XQB56-725 主视图　　图 7-15　奥克斯洗衣机 XQB56-725 俯视图

在洗衣机操作界面的设计上，采用了微机控制以及大屏幕控制面板。在功能上提供了多功能的选择，用户洗衣更加轻松。同时，还有三维折叠透明视窗，整个洗衣过程一目了然。

洗衣机内筒的材料采用了不锈钢，使用持久，且不容易积垢。同时，内壁附毛刷及过滤盒，将功能与造型有机地结合了起来。

7.5.2　海尔滚筒洗衣机设计

海尔集团是世界白色家电第一品牌、中国最具价值的品牌。海尔在全球建立了 29

个制造基地，8 个综合研发中心，已发展成为大规模的跨国集团。

海尔滚筒洗衣机曾凭借出色的外观设计、良好的功能赢得了世界工业设计界内人士的一致认可，获得工业设计界著名的"红点奖"。同时也填补了中国在滚筒洗衣机外观设计领域的空白。图 7-16 和图 7-17 是两款海尔 Luxurii 滚筒洗衣机。

图 7-16　海尔 Luxurii 滚筒洗衣机　　　　图 7-17　海尔 Luxurii 滚筒洗衣机

在第二届中国创新设计红星奖颁奖典礼上，海尔 Luxurii 时间美学滚筒洗衣机以颠覆传统滚筒洗衣机的外观设计及突出的功能优势，获得了本次创新设计"红星奖"，如图 7-18 所示。

此次海尔的 Luxurii 滚筒洗衣机能从众多的参赛作品中脱颖而出，得益于它的世界级基因。Luxurii 诞生在著名的设计之地——斯堪的纳维亚半岛——以将美学与时间精控融会贯通而著名的地方。它由丹麦著名设计师携专业团队 3 年潜心设计而成，将钟表的设计灵感应用到洗衣机中，超大视窗

图 7-18　红星奖

迎合了当前时尚大表盘设计，整体线条更加流畅；靓丽 UV 漆，比普通烤漆更加细腻，并有效防划伤；45°角仿人体学开门设计不用弯腰取放衣物，为老人和孕妇们提供了方便。另外，Luxurii 更突破了传统滚筒洗衣机透明视窗的限制，首次采用咖啡色观察窗，使用户避免了洗贴身衣服时的尴尬。

除去外观上无可比拟的优势外，海尔 Luxurii 更拥有海尔全球首创的洗净即停技术，可根据衣物的脏污程度自动设定洗涤时间，衣物有多脏就洗多久，使用户不再守候在洗衣机旁"监视"洗衣过程。此外，Luxurii 还融合了 AMT 防霉抗菌窗垫、即停即开式电磁门锁、可以满足不同环境装修风格的上置式和前置式两种操作面板、静音夜洗程序等多项贴心设计，使洗衣机成为家居中不可或缺的一部分。

创新的工业设计已经成为厂家与消费者沟通最有效的"消费语言"。当今顾客对产品的要求越来越高，尤其重视产品设计能否体现生活品位，能否迎合时尚潮流。企业决策者已逐渐认识到优秀的设计在每个业务流程都起着举足轻重的作用，更能令企业在竞争中脱颖而出。

7.5.3　三星滚筒洗衣机设计

韩国三星集团是一个具有 60 年历史的特大型集团之一，也是世界著名的跨国公司。

三星 WF337 滚筒洗衣是三星公司的设计团队倾力打造的一款面向高端、走时尚、现代路线的新产品，如图 7-19 所示。WF337 型滚筒洗衣机不负众望，在 2007 年摘得国际工业设计界的大奖—德国"红点奖"，如图 7-20 所示，受到了国际工业设计界很高的评价。

图 7-19　三星滚筒洗衣机 WF337

三星 WF337 滚筒洗衣机的整体设计非常具有现代、时尚的气质。整体轮廓方圆融合，给人以统一、和谐的视觉感受，并且拥有彩色镜面的外观，给人大气、奢华的感觉，很有现代气息。外壳的表面看起来非常光滑，同时还提供了云灰色、红玛瑙蓝、探戈红色和整洁的白色 4 种颜色。

WF337 滚筒洗衣机在结构上具有独特的减振技术，采用不锈钢球以抵消不同的振动。即使当洗衣机滚筒的旋转速度达到 1 300 r/min 时，也会依旧稳定。在操作上，按人体工学设计的控制面板，采用了 10° 斜角设计，让用户在操作时容易看清显示屏上内容，更加人性化。同时，

图 7-20　红点奖

在底部设计有放置洗衣机清洁用品的抽屉，WF337 型滚筒洗衣机还采用了三星的专利技术 SilverCare，可产生银离子除去细菌和真菌，从而保护衣物。

7.6　洗衣机设计实训

7.6.1　市场调研

目前，市场上滚筒洗衣机的主流代表有以西门子、博世为代表的欧洲品牌，以松下、三星为代表的日韩品牌以及以海尔、小天鹅为主的中国品牌。西门子、博世的滚筒洗衣机对功能的改进十分重视，产品非常实用，充分体现出德国人严谨的设计态度。日本的滚筒洗衣机设计则是非常重视细节的处理，从每一个细节入手，方便用户使用。韩国的滚筒洗衣机设计相对而言更重视产品的趣味性，更注重产品整体的宜人性，时尚元素相对较多。中国的洗衣机制造企业虽然起步较晚，但是发展很快，并且紧跟国外先进的设计理念，屡屡摘获国际设计大奖。

针对时尚家庭或者年轻家庭，需要在设计产品时融入一些时尚元素，符合现代产品设计潮流。在产品的色彩上能够吸引年轻人，融入一些高科技元素，提升洗衣机的科技含量。

7.6.2　设计要求与设计定位

针对时尚家庭或者年轻夫妻设计一款家用滚筒洗衣机，为年轻人在洗衣机的选择上提供更丰富、合适的产品，考虑到年轻人的一些特殊需要。

洗衣机造型要上符合滚筒洗衣机的一般工作原理，并符合当前工业设计的趋势和新潮流，尤其要符合目标用户的审美要求。人机工程学上符合用户的使用方式和习惯，同时更加方便用户操作，在具体操作的人机界面设计上，力争做到简单、合理。

设计师要充分考虑到现代年轻人在家用洗衣机的选择上，对于外观的要求更明显，更喜欢最求一些时尚、前卫的设计。

7.6.3　产品设计草图与最终方案

在初期的草图中，主要参考全球工业设计的流行趋势（简洁、人性化、装饰风格、交互体验、个性化）以及结合洗衣机行业主流的设计趋势来进行方案的设计，同时，考虑到受众为年轻用户，在设计的初期一定要考虑到年轻人的需求和喜好。要在初期的草图上体现设计思路和创意。还应对产品的细节和选用材质进行初步考虑。如图 7-21所示。

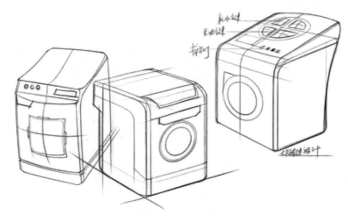

图 7-21   洗衣机设计初期草图与构思

结合初期草图，同时结合不同方案的优点，确定产品采用当前比较流行的简约、整洁风格。在整体的造型上考虑产品实际的内部结构和功能，并且依照人机工程学来设计操控面板、交互界面以及相关把手、按钮等。如图 7-22 所示。

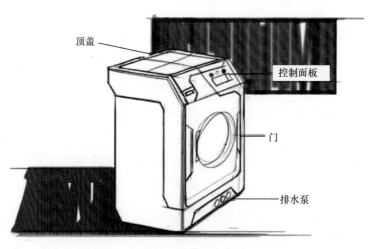

图 7-22   设计草图

最终方案应将产品的主要细节在草图中得到体现。手绘效果图还要体现产品整体外观效果，如图 7-23 所示。

洗衣机设计操控界面最终方案如图 7-24 所示。

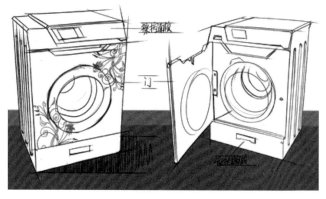

图 7-23　洗衣机设计最终方案

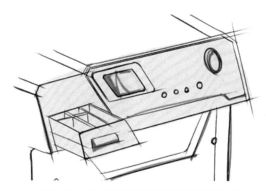

图 7-24　洗衣机设计操控界面最终方案

7.6.4　洗衣机三维模型的建立

7.6.4.1　洗衣机造型表现的方法与要素

本实例要表现的洗衣机外观如图 7-25 所示。

图 7-25　本实例要表现的洗衣机外观

电器产品设计与制作基础

洗衣机模型的主要流程如图 7-26 所示。

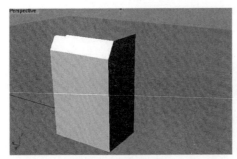
洗衣机外形轮廓的建立

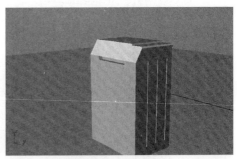
洗衣机外形细节的建立

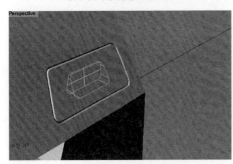
其他部件的建立

洗衣机按钮的创建

洗衣机滚筒的创建

洗衣机面板的设计

图 7-26　洗衣机模型的主要流程

7.6.4.2　洗衣机的具体建模过程

洗衣机外轮廓的创建，具体步骤如下。

（1）在 Top 视图中使用【立方体 】命令，如图 7-27 所示。在画立方体时要注意长、宽、高的相对比例。

（2）在 Right 视图上，使用【多重直线】画直线，如图 7-28 所示。

（3）使用【曲面】工具中的【直线挤出 】工具，拉伸出的曲面要穿过长方体。如图 7-29 所示。

图 7-27　使用【立方体 ▇】命令

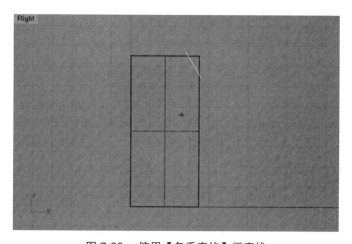

图 7-28　使用【多重直线】画直线

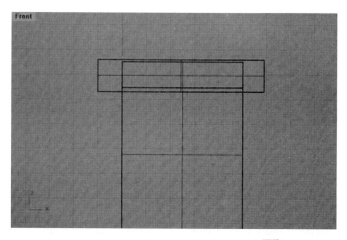

图 7-29　使用【曲面】工具中的【直线挤出 ▇】工具

（4）选中长方体，使用【实体】工具里面的【布尔运算分割🖱】命令，如图 7-30 所示，再选择分割用的多重曲面，曲面分割成两个实体。将不需要的实体删除。

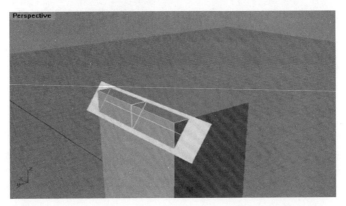

图 7-30　使用【实体】工具里面的【布尔运算分割🖱】命令

（5）同理，在 Front 视图上，画线、拉伸、分割。如图 7-31 所示。

图 7-31　在 Front 视图上，画线、拉伸、分割

（6）在 Front 视图上，使用【多重直线】命令画线。如图 7-32 所示。

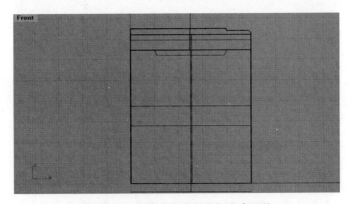

图 7-32　使用【多重直线】命令画线

（7）使用【实体】工具里面的【挤出封闭的平面曲线】命令，如图 7-33 所示。

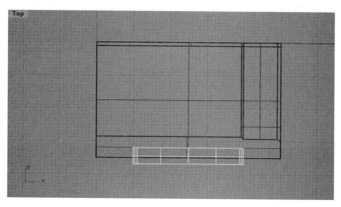

图 7-33　使用【实体】工具里面的【挤出封闭的平面曲线】命令

（8）选中被减物使用【实体】工具里面的【布尔运算差集】命令，再选中梯形实体确定，如图 7-34 所示。

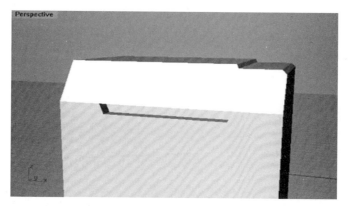

图 7-34　使用【实体】工具里面的【布尔运算差集】命令

（9）同理使用以上的方法，洗衣机的轮廓如图 7-35 所示。

图 7-35　洗衣机的轮廓

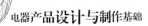

电器产品设计与制作基础

洗衣机细节制作，具体步骤如下。

（1）使用 Front 视图中使用【多重直线】命令，再使用选择【曲线圆角】工具，调节所要倒的圆角的度数（输入数值，回车确定）。得到如图 7-36 所示。

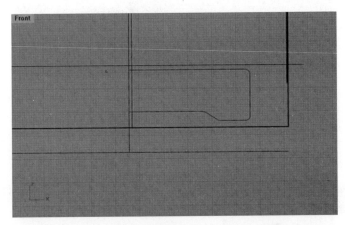

图 7-36　使用【多重直线】和【曲线圆角】命令

（2）选中曲线，使用【移动】工具里面的【镜像】命令，以曲线的端点为对称点。如图 7-37 所示。

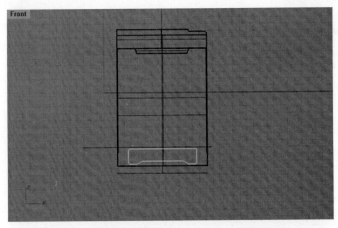

图 7-37　使用【移动】工具里面的【镜像】命令

（3）选中封闭曲线，使用【实体】工具里面的【挤出封闭的平面曲线】命令，如图 7-38 所示。

（4）使用【实体】工具里面的【布尔运算分割】命令将实体进行分割，再进行圆角处理，如图 7-39 所示。

（5）使用【立方体】命令，如图 7-40 所示。

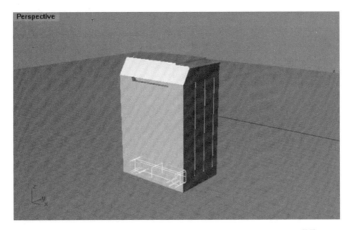

图 7-38　使用【实体】工具里面的【挤出封闭的平面曲线 ▣】命令

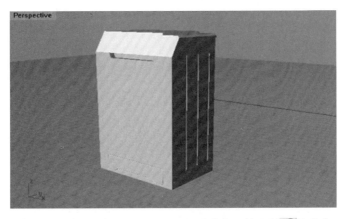

图 7-39　使用【实体】工具里面的【布尔运算分割 🖵】命令

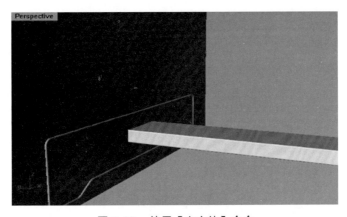

图 7-40　使用【立方体】命令

　　（6）选中洗衣机实体，使用【布尔运算差集 🔵】命令，再选中长方体，进行挖槽处理，得到效果如图 7-41 所示。

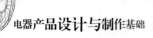

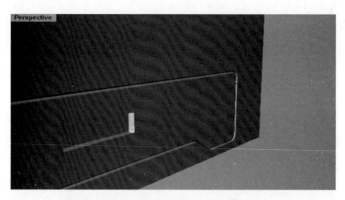

图 7-41   使用【布尔运算差集 】命令

（7）同理，在 Front 视图上，使用【挤出封闭的平面曲线 】命令画线，再使用【布尔运算分割 】命令将实体进行分割。如图 7-42 所示。

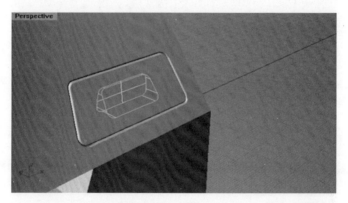

图 7-42   使用【挤出封闭的平面曲线 】和【布尔运算分割 】命令

（8）使用【炸开 】命令，将分割好的实体炸开，如图 7-43 所示。

图 7-43   使用【炸开 】命令

（9）使用【3D 旋转】命令，选中炸开的曲面，以选中的曲面的中心点为旋转中心点，如图 7-44 所示。

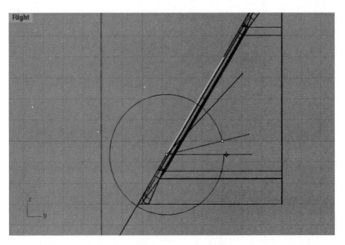

图 7-44　使用【3D 旋转】命令

（10）使用【放样】命令，选择要连接的边缘线，如图 7-45 所示。

图 7-45　使用【放样】命令

（11）使用【圆柱体】命令，并倒圆角（注意下底圆柱体要加长）。如图 7-46 所示。

（12）使用【3D 旋转】命令选中圆柱体，以选中的圆柱体中心点为旋转中心点，再将底下的圆柱体进行【炸开】命令。如图 7-47 所示。

（13）选择炸开的曲面，使用【曲面】工具里面的【偏移曲面】命令（注意偏移距离的调整，也要注意偏移的方向）。如图 7-48 所示。

图 7-46 使用【圆柱体 】命令

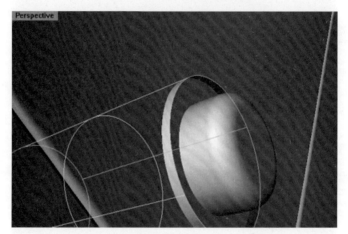

图 7-47 使用【3D 旋转 】和【炸开 】命令

图 7-48 使用【曲面】工具里面的【偏移曲面 】命令

（14）使用【实体】工具里面的【布尔运算分割 🔧】命令，将洗衣机实体通过两曲面分割成 3 个实体如图 7-49 所示。

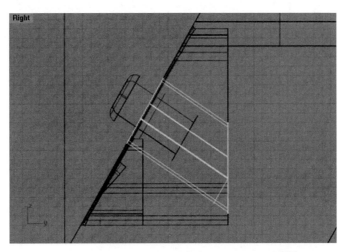

图 7-49 使用【实体】工具里面的【布尔运算分割 🔧】命令

（15）使用【布尔运算并集】命令，将开关与洗衣机的体块合并成一个体，如图 7-50 所示。

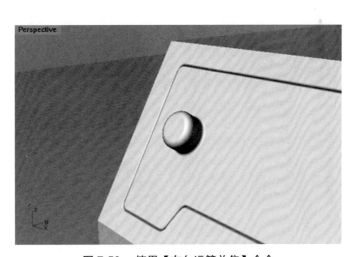

图 7-50 使用【布尔运算并集】命令

洗衣机滚筒制作，具体步骤如下。

（1）同理，在视图上画线，拉伸，再进行曲面偏移。如图 7-51 所示。

（2）使用【布尔运算分割 🔧】命令，如图 7-52 所示。

（3）选中曲面，使用【将平面洞加盖 🛠】命令，变成实体。如图 7-53 所示。

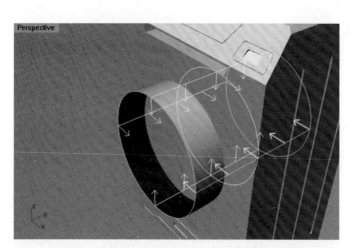

图 7-51　在视图上画线，拉伸，再进行曲面偏移

图 7-52　使用【布尔运算分割🔧】命令

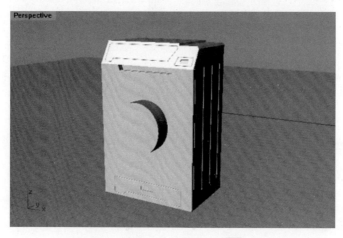

图 7-53　使用【将平面洞加盖📦】命令

（4）使用【复制边框】命令，选择要复制的边框线。如图 7-54 所示。

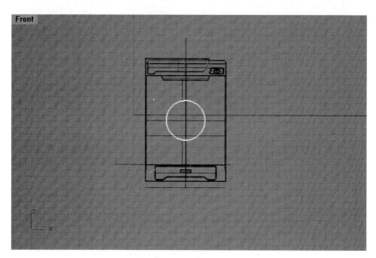

图 7-54　使用【复制边框】命令

（5）使用【曲线】工具中【偏移曲线】命令将物体偏移，如图 7-55 所示。

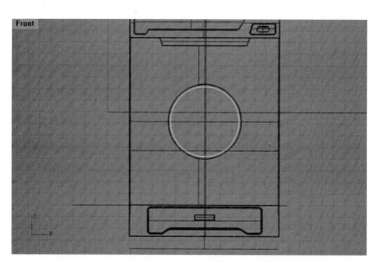

图 7-55　使用【曲线】工具中【偏移曲线】命令

（6）将偏移出来的曲线进行实体拉伸、分割。如图 7-56 所示。

（7）同理，使用以上方法，将洗衣机的洗衣桶细节制作完成，并进行倒圆角处理。如图 7-57 所示。

（8）在 Right 视图上，画线，拉伸，分割洗衣机，如图 7-58 所示。

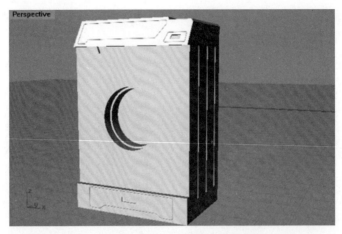

图 7-56　将偏移出来的曲线进行实体拉伸、分割

图 7-57　将洗衣机的洗衣桶细节制作完成，并进行倒圆角处理

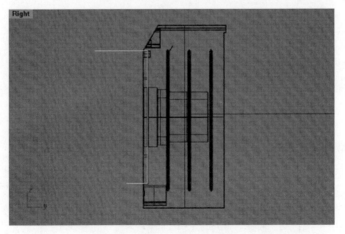

图 7-58　在 Right 视图上，画线，拉伸，分割洗衣机

（9）将洗衣机的边缘线进行倒圆角制作。如图 7-59 所示。

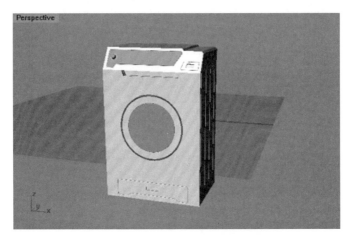

图 7-59　将洗衣机的边缘线进行倒圆角制作

用 Photoshop 制作产品操作界面。在设计上将不同功能的按键和旋钮区分开来，更易于用户的使用，同时在显示屏的交互设计上和按键的排列紧密结合，如图 7-60 所示。

图 7-60　洗衣机操作界面设计

在色彩上，选择最能体现科技感的深蓝色，按钮指示采用大字体的中英文设计，方便用户使用。

用计算机初步渲染，完成的效果图如图 7-61 所示。

图 7-61　洗衣机模型初期渲染

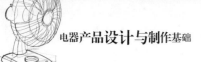
最终效果图如图 7-62 所示。

图 7-62　洗衣机模型最终效果图

洗衣机的最终效果图在整体造型上采用简单的直线条，外加转折处简洁的线条处理，整体风格统一，洗衣机外壳的设计采用了光滑的烤漆外观，看上去非常华丽、时尚，具有现代感。

在洗衣机的前门设计上，采用了前卫的纯平设计，符合年轻人时尚、前卫的个性需求，同时也和这个产品的设计风格相统一。

在洗衣机的色彩上选用了经典的中国红作为产品的主色调，同时在洗衣机的前门上点缀中国传统的花纹装饰，赋予产品全新的文化价值，将传统与时尚融为一体，使家电超越单纯功能化的产品内涵，满足用户更深层的情感需求。

在洗衣机下部的收纳盒中，可以方便用户放置一些洗衣相关的用品，如洗衣液、洗衣粉等。充分利用洗衣机的内部空间。

7.7　小结

通过这一章节内容的学习，读者了解到洗衣机的一些相关基础知识，包括洗衣机的发展历史及洗衣机的分类、洗衣机的材料及性能参数、洗衣机优秀产品的设计及洗衣机设计流程的掌握。

7.8　思考与练习题

1．目前我国洗衣机有哪几种类型？

2．比较滚筒式洗衣机与波轮式洗衣机的异同点。

3．洗衣机有哪些主要技术参数？

4．洗衣机的洗净率和洗净比如何检测？

5．设计一款小型的家用洗衣机，主要针对小件衣物的洗涤或者提供给单身青年和学生使用，能够适合都市快节奏的生活。

6．请总结洗衣机的设计流程。

08

第 8 章

电冰箱设计与制作基础

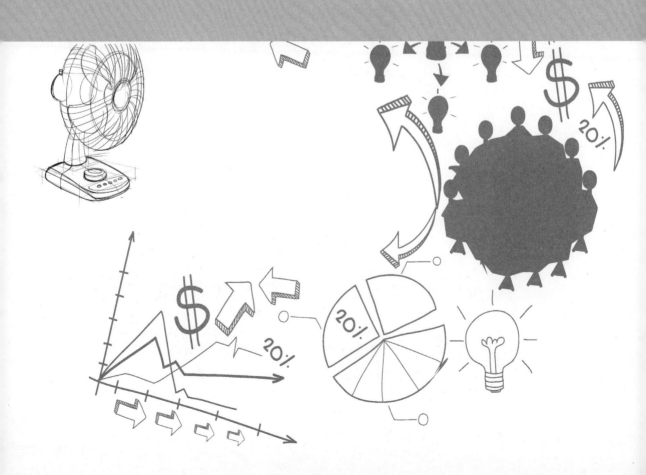

8.1　电冰箱概述

8.1.1　电冰箱的定义

电冰箱是一种小型整体式冷藏装置，其外壳结构多为金属与木材混合结构，将制冷机械与冷藏设备组成一个整体。电冰箱是供家用的、具有适当容积和装置的绝热箱体，用消耗电能的手段制冷，并具有一个或多个间室。

电冰箱内有压缩机、制冰机，用于冷藏和冷冻食品，它能使置于其中的食物或其他物品保持冷态。当前，市场上以电动机压缩式电冰箱最为常见，这种电冰箱由电动机提供机械能，通过压缩机对制冷系统做功。其优点是寿命长、使用方便，目前世界上91%～95%的电冰箱属于这一类。此外，还有一种半导体式电冰箱，它是一种利用对PN型半导体通以直流电，在结点上产生珀尔帖效应的原理来实现制冷的电冰箱。

8.1.2　电冰箱历史、发展和现状

从功能上来看，现代电冰箱跟我国古代的"冰鉴"非常相似。冰鉴是古代盛冰的容器，既能保存食品，又可散发冷气，使室内凉爽。《周礼·天官·凌人》中记载"祭祀共冰鉴。"可见周代时已有原始的冰箱。

在中国古代，人们喜欢温酒，温酒不伤脾胃，夏季嗜喝冷酒，冷酒可以避酷暑。铜冰鉴是一件双层的器皿，鉴内有一缶，如图8-1所示。夏季，鉴缶之间装冰块，缶内装酒，可使酒凉。因此说铜冰鉴是迄今为止发现最早的、最原始的"冰箱"。当然亦可以在鉴腹内加入温水，使缶内的美酒迅速增温，成为冬天时饮用的温酒。

除了降温、冷冻食物外，古人还把"冰箱"技术运用到生产运输中。明代黄省曾在《鱼经》里写到，当时渔民常将一种鲥鱼（即白鳞鱼）"以冰养之"，运到远处，谓之"冰鲜"。这样看来，"以冰养之"的储藏方法，我国在明代就已经运用得十分普遍了。

图 8-1　冰鉴

17 世纪中期，随着城市的发展，冰的买卖也逐渐发展起来。1834 年，美国工程师雅各布·帕金斯发明了世界上第一台压缩式制冷装置，这是现代压缩式制冷系统的雏形。同年，帕金斯获得英国颁布的第一个冷冻器专利。

制造一台有效率的冰箱不像我们想象的那么简单。早期人们为保存冰而做出了大量的努力，包括用毯子把冰包起来，使得冰不会融化。直到近 19 世纪末，发明家们才成功找到有效率的冰箱所需要的隔热和循环的精确平衡。

1913 年，美国芝加哥诞生了世界上最早的家用电冰箱。这种名叫"杜美尔"牌的电冰箱外壳是木制的，里面安装了压缩制冷系统，但使用效果并不理想。1918 年，美国 KE-LVZNATOR 公司的科伯兰特工程师设计并制造了世界上第一台机械制冷式的家用自动电冰箱。这种电冰箱粗陋笨重，外壳是木制的，绝缘材料用的是海藻和木屑的混合物，压缩机采用水冷，噪声很大。它的诞生宣告了家用电冰箱的发展进入了新阶段。1926 年美国奇异公司制造出世界上第一台密封式制冷系统的电冰箱，1927 年，第一台家用吸收式冰箱问世。

自第一台电冰箱出现至今已近一个世纪，当前全世界每年电冰箱的总产量在 4 000 万台以上，其中总产量居前几位的国家有美国、意大利、俄罗斯、日本等。我国冰箱起步比较晚，第一台电冰箱是 1954 年由沈阳医疗器械厂生产的 200 L 单门电冰箱。目前，我国确定 40 多家电冰箱定点厂，全国引进 50 多条电冰箱生产装配线，年产能力达 1 500 万台以上，规格已有 50 ~ 200 L 以上大型冰箱的多种系列，品种有单门、双门、多门，形式有直冷式和间冷式。

20 世纪 80 年代初，当国内机械温控电冰箱刚刚兴起时，欧洲一些大家电公司开始尝试将当时比较流行的模糊智能技术应用到电冰箱制造中。它采用当时较为流行的数字芯片，利用较为成熟的模糊智能技术，实现对电冰箱温度进行不同挡位的调节，从而达到控制温度的效果。

进入 20 世纪 90 年代后，由于电脑芯片技术的发展，欧洲最大的家电制造商西门子借助他们在自动控制领域的成果，开发研制出了能够精确控制温度的计算机温控电冰箱，这种技术的应用赋予了现代电冰箱更为便捷的功能和非常显著的节能效果。这种计算机温控电冰箱的出现，标志着家用电冰箱温度控制技术已从 20 世纪 80 年代的模糊智能控制进入到当前计算机精确温控的新时代。图 8-2 是计算机温控电冰箱。

图 8-2 计算机温控电冰箱

8.2 电冰箱的分类、工作原理和结构

8.2.1 电冰箱的分类

目前我国还没有关于电冰箱种类的统一标准，通常习惯按以下方式来区分。

1. 按电冰箱用途分类

一般分为冷冻箱、冷藏箱和冷藏冷冻箱 3 类。其中，冷藏的温度定义条件是 0℃以上；冷冻的温度定义条件是小于或等于 -18℃；冷冻冷藏箱要求至少有一个间室为冷藏室，适用于储藏不需要冻结的食品，其温度应保持在 0℃以上，至少有一个间室为冷冻室，适用于需要在小于或等于 -18℃保存的冷冻食品和储藏冷冻食品。冷藏冷冻箱又可分为单控式、多控式，其区别在于单控式仅有一个控温手段供调节冷藏室和冷冻室温度，多控式是用多个控温手段分别单独调节各个冷藏室和冷冻室的温度。

2. 按放置形式分类

根据外形可分为台式、卧式、立式、手提式、嵌入式和壁式 6 种。目前我国常用的是立式和台式两种。国外有手提式作为特殊场合使用。

3. 按冷冻室贮存温度分类

根据冷冻室所能达到的冷冻贮存温度，对电冰箱作了星级规定，每星按 -6℃计，两星级、三星级分别表示冷冻室温度可达到 -12℃以下和 -18℃以下。

4. 按电冰箱门形式特征分类

可分为单门式电冰箱、双门式电冰箱、对开双门壁柜式电冰箱和多门式电冰箱等。

单门式电冰箱是指电冰箱只有一扇门，如图 8-3 所示，它的冷却方式是靠箱内顶部蒸发器的低温，使箱内空气靠自然对流来传递热量。

对开双门壁柜式电冰箱又称为立式大型双门双温电冰箱，是指两扇门直立并排的电冰箱，容积较大，一般在 500 L 左右，如图 8-4 所示。箱体一侧是冷冻室，温度为 -6℃、-12℃、-18℃共 3 挡。另一侧为冷藏室，温度为 0℃～ 8℃。由于两侧温度不同，箱体中间用隔热层分隔开。温度调节与化霜均为自动控制，由于外形类似大衣柜，也称作壁柜式电冰箱。

图 8-3　单门式电冰箱　　　　　　　　图 8-4　对开双门壁柜式电冰箱

多门电冰箱是近年来的一种流行趋势,将冷藏和冷冻区分别分成多个门体、多个温度,方便储藏各种不同的食物,但是缺点是容积较大、价格昂贵,如图 8-5 所示。

图 8-6 和图 8-7 分别为冷藏箱和冷冻箱。

图 8-5　多门冰箱　　　　　　图 8-6　冷藏箱　　　　　　图 8-7　冷冻箱

5. 按电冰箱内冷却方式分类

可分为直冷和间冷两种。直冷式电冰箱又称为有霜电冰箱,其冷冻室直接由蒸发器围成,或者冷冻室内有一个蒸发器,另外冷藏室上部再设有一个蒸发器,由蒸发器直接吸取热量而进行降温。

间冷式电冰箱又称为无霜电冰箱,它的蒸发器安置在冷冻室与冷藏室隔层中横卧或在右壁隔层中竖立,冷冻室的冷却间接依靠一个小风扇将被蒸发器吸收了热量的冷风强制吸入,进行循环冷却降温。冷藏室的温度是通过风门调节器的开度大小控制进风量来调节。

6. 按制冷原理分类

有分压缩式、吸收式、半导体式等。

7. 按气候环境分类

冷藏冷冻箱按气候环境分为：暖温带型（SN）（气温为 13℃～20℃）、温带型（N）（气温为 16℃～32℃）、亚热带型（ST）(气温为 18℃～38℃)、热带型（T）（气温为 18℃～43℃）。

冷冻箱按气候环境分类和冷藏冷冻箱相同。

8.2.2 电冰箱的工作原理

电冰箱利用蒸发制冷或汽化吸热的作用而达到制冷的目的。在电冰箱的喉管内，装有氟利昂制冷剂，常用的一种为二氟二氯甲烷，它是一种无色、无臭、无毒的气体，沸点为 29℃。氟利昂在气体状态时，被压缩器加压。加压后，经喉管流到电冰箱背部的冷凝器，借散热片散热后，冷凝而变成液体。液体的氟利昂进入蒸发器的活门后，由于脱离了压缩器的压力，就立即化为蒸汽，同时向电冰箱内的空气和食物等吸取汽化潜热，引起冰箱内部冷却。汽化后的氟利昂又被压缩器压回箱外的冷凝器散热，再变为液体，如此循环。把冰箱内的热能泵到箱外，从而达到制冷目的。

8.2.3 电冰箱的结构

电冰箱由箱体、制冷系统、控制系统和附件构成，如图 8-8 所示。箱体主要用于进行操控和储藏，由储藏室、搁架、操作面板和照明灯等部分组成。制冷系统是电冰箱实现制冷的最重要部分，主要组成有压缩机、冷凝器、蒸发器和毛细管节流器 4 部分，如图 8-9 所示。

压缩机是制冷系统的心脏，它从吸气管吸入低温、低压的制冷剂气体，通过电动机运转带动活塞对其进行压缩后，向排气管排出高温、高压的制冷剂气体，为制冷循环提供动力，从而实现压缩→冷凝→膨胀→蒸发的制冷循环。压缩机一般由壳体、电动机、缸体、活塞、控制设备及冷却系统组成。

蒸发器用于吸收箱体内的热量，保持箱体内处于相对低温。

毛细管起节流作用，控制制冷剂在管道内的流量，将高温、高压的制冷剂液体变为低温、低压的液体。

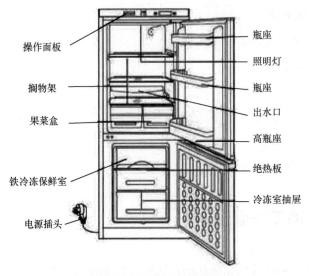

图 8-8　电冰箱功能结构

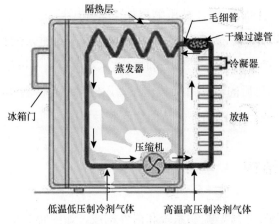

图 8-9　制冷系统结构示意图

冷凝器将高温、高压的制冷剂热量传递到空气中，冷却制冷剂。

干燥过滤器用于滤去系统内的水分与杂质，保证系统正常运行。

8.3　电冰箱主要技术指标和性能参数

8.3.1　电冰箱的主要技术指标

电冰箱的主要技术指标主要依据为国家标准《GB 8059 家用制冷器具》，包括冷却速度、耗电量、负载温度回升时间和冷冻能力等内容。

1．冷却速度

冰箱冷却速度是电冰箱的重要性能参数，是冷藏箱和冷藏冷冻箱在出厂时的一项必检项目。按照《GB8059.2 家用制冷器具 冷藏冷冻箱》规定，冷藏冷冻箱进行冷却速度试验时，在环境温度下，箱内不加任何负荷，冰箱连续运行，当各间室的温度同时达到规定时，所需时间不超过 3 h。

2．耗电量

电冰箱在规定的稳定运行环境状态下正常运行 24 h 消耗的电能为耗电量。单位为 kW.h/24 h。

3．负载温度回升时间

冰箱在断电的情况下，冷冻室温度从 −18℃回升到 −9℃所需要的时间。国家标准规定直冷式电冰箱不得小于 250 min，风冷冰箱不得小于 300 min。

4．冷冻能力

在 24 h 内，冰箱将规定重量的冷冻负载从 25℃（SN.N.ST 型）或 32℃（T 型）冷冻到 −18℃的能力。冷冻能力最低限值为 4.5 kg/100 L（冷冻室），45 L 以下的冷冻室不得少于 2 kg。

8.3.2　电冰箱的主要性能参数

电冰箱的主要性能参数包含毛容积、有效容积和规格型号等内容。

1．毛容积

电冰箱门（或盖）关闭，内壁所包围的容积。

2．有效容积

从任一间室的毛容积中减去各部件所占据的容积和那些认定不能储藏食品的空间后所余的容积。

3．规格

电冰箱的规格是以箱内容积的大小来划分的。电冰箱的规格划分没有统一的标准，国内一般倾向于有效容积≤ 100 L 为小规格电冰箱，100 L ＜有效容积≤ 250 L 为常规规格电冰箱，有效容积＞ 250 L 为大规格电冰箱。

4．型号

根据标准规定，容积在 250 L 以下的电动机压缩式家用电冰箱的型号用"ＢＹ □ □

□"表示，B 表示产品名称为家用电冰箱，Y 表示冰箱型式为电机压缩式，3 个"□"分别代表冰箱的类型（单门不标，双门或双门以上标"D"）、有效容积（以 L 为单位，用阿拉伯数字表示）和改进设计序号（以 A、B、C 等字母表示）。如 BYl60，表示 160 L 电动机压缩式家用电冰箱；BYD180，表示 180 L 电动机压缩式家用冷藏冷冻电冰箱；BYD200A，表示第一次改进设计的 200 L 电动机压缩式家用冷藏冷冻电冰箱。

8.4　电冰箱材料与加工工艺

8.4.1　电冰箱外壳

电冰箱的外壳通常是薄铁皮经过冲压加工成型的，表面再涂上不同颜色的漆。

电冰箱门的里层材料是 PP 或 ABS 材料，两者均为热塑性塑料。PP 即聚丙烯，是一种半结晶性材料，比聚乙烯坚硬，且熔点高。它具有良好的抗腐蚀性、缓蚀性、轻便性、耐高温性；耐老化，使用寿命长；表面粗糙度值低，有充分的热稳定性；其热熔率低，表面平滑性优良，并经食品等级良好认可。PP 材料的冰箱门内衬多用热成型的方法制造而成。即把热塑性塑料片材加热至软化，在气体压力、液体压力或机械压力下，采用适当的模具或夹具而使其成为制品。ABS 同其他材料的结合性好，易于表面印刷、涂层和镀层处理。

8.4.2　电冰箱内部

电冰箱内胆大多也是用 ABS 塑料制成的。电冰箱的冷藏室和冷冻室中分别设有多格隔层或抽屉。这些抽屉和各层大部分都是用 PE 塑料加工而成的。冷藏室的抽屉式隔层已经取代了老式电冰箱的隔层，因为抽屉式隔层能使各个隔层之间的食物不串味，保持电冰箱的清洁。电冰箱内胆的顶部有一盏光线柔和的 LED 灯。当人们打开冰箱时它会自动亮起；当人们关上冰箱门后，它又会自动熄灭。这是因为门框上有个位置开关，它被门压紧时灯的电路断开，门一开就放松了，于是就自动把电路闭合使 LED 灯点亮。

8.5　典型产品设计

8.5.1　海尔意式三门电冰箱设计

海尔意式三门电冰箱于 2008 年摘得"红点"产品设计大奖，如图 8-10 所示。

图 8-10　海尔意式三门电冰箱

这款电冰箱材质上采用了酷钢无痕面版，简约而又大气，同时，设计师将自由空间的特质和浪漫优雅的气质融入产品设计，将科技的质感和整体家居的风格完美地结合在一起，使其与现代家居环境相得益彰。

外部结构采用创新的直开式抽屉设计，为用户带来了更为舒适的生活方式。与传统的电冰箱开门方式不同，直开的抽屉式不但更符合整体家居装修的风格，而且更简捷、方便，又提高了电冰箱底部空间的利用率，极大地方便了用户使用过程中取放物品。对于这样的设计，设计师表示这其中经历了很多的试验和改进。对于消费者来说，可能仅是一个外观的变化，但这需要电冰箱设计师解决方方面面的技术难题。除了整个电冰箱的结构要重新设计，还要考虑到各部件的配合、功能的设置。如无霜技术的应用、精确控温的实现等。抽屉式的设计要密封性更好，做到既节能又不会泄漏冷气。同时，抽屉的承重力与滑轨设计等都对设计师提出了更大的考验。

在细节上，金属把手设计增强了产品与厨房环境的协调；内部设计中采用了创新的

LED 照明和可折叠酒架设计；大果菜室和零度室满足用户多温区食品储藏需求；多温区温度覆盖 -18℃～ 10℃，可以更好地储存各类食物，LCD 的触摸控制界面使其更加简洁、易用。

8.5.2　奥克斯电冰箱设计

如图 8-11 所示，奥克斯 BCD-172B 电冰箱是一款总容量为 172 L 的电冰箱。它采用了欧式外观设计：全新流线型外观、豪华把手、进口板材、拉丝板圆弧门。整体高雅、简洁，彰显高尚生活品位。此外，其外观还采用时尚豪华金属拉丝 VCM 板，长期使用不掉色、不生锈。

图 8-11　奥克斯 BCD-172B 电冰箱

该电冰箱采用可拆卸式门封条、组合式食物搁架，运用抗菌材料制造内胆，令家居生活更方便、舒适，大容量透明冷冻室抽屉，食品可分层存放，方便整理，一目了然。同时拥有的大瓶罐存储架，避免大瓶委屈挤压存放，放置井井有条。

该冰箱采用先进的制冷循环系统设计技、优秀的零部件装配技术以及选用低噪声的压缩机，使电冰箱的噪声控制在 40 dB 及以下，比国家标准规定的噪声指标低 12 dB，实现了真正的静音。

8.5.3　LG "艺术家电"系列冰箱设计

图 8-12 是 LG 推出的一款"艺术家电"系列的产品——盛唐纹豪门对开电冰箱。

该款产品一改传统箱体的单一色彩，将国际著名"花之画家"河相林的艺术杰作"盛唐纹"融入到产品的外观设计上。以唐朝国花牡丹为创作灵感而绘制的盛唐纹运用在电冰箱外观上，将现代产品与中国古典文化元素很好地融合在一起，具有浓厚的人文气息。

图 8-12　LG "艺术家电"系列电冰箱

箱体的制作工艺是 LG 的一次创新，在 0.2 mm 厚度的不锈钢面板上进行花纹的雕刻，然后在表面再覆盖一层超薄的玻璃，将花的柔美和金属的硬朗融于一体。把手设计上，通过大面积镶嵌了施华洛世奇水晶，充分体现了"Shine（闪耀）"的设计理念。

盛唐纹豪门对开电冰箱采用了更加宽阔的吧台尺寸，只要触碰开关，吧台就能顺柔打开，即使在双手占用的情况下也可以顺利完成开关动作，使用起来相当方便，设计非常人性化。冷藏室的左右两边都使用了长条的冷光源节能灯，比以前的球形灯更节能，它具有发热量小，更能保证食物新鲜，并且使用寿命更长，更加环保、低碳。

8.6　电冰箱设计实训

电冰箱已成为现代家庭不可缺少的家用电器，现代电冰箱的功能越来越智能化，在外观和材料方面也越来越艺术化、科技化。本章将详细地讲解一款符合现代人审美要求的电冰箱的设计与制作过程。

下面通过对电冰箱市场调研分析、设计要求与定位以及模型建立过程，让读者更进一步了解如何设计好一款电冰箱。

8.6.1　市场调研

近年来，在国家多项拉动内需政策引导下，以三门、多门、对开门电冰箱为代表的高端电冰箱销量持续攀高，体现出明显的中高端消费趋势。高端电冰箱的销量看涨，一方面是由于新婚、新居、换购升级等因素大幅带动了刚性需求，同时也充分体现出在城市化进程中带动生活品质提升、居民消费观念变化的情况下，对工业设计的更高需求成为高端电冰箱的新趋势。在品牌选择上，美的、海尔等国产品牌中高端产品表现优异，进一步取得话语权，与外资品牌争夺市场份额。另一方面，三、四级市场大热。消费者的观念转变。带有大冷冻室、节能电冰箱在三、四级市场大受欢迎，中国电冰箱产品结构两极分化现象明显。

家电连锁行业的垄断特征以及其在电冰箱营销渠道中的主导地位，形成了电冰箱生产企业在产业链条中的弱势地位。国内电冰箱需求增长的条件尚较充裕：农村等市场有巨大需求空间，城镇居民消费升级，城镇化进程加快。

8.6.2　设计要求与设计定位

根据目前家庭中的电冰箱贮藏空间大多存在挤、杂、乱的状况，设计一款内部空间更为合理的家用电冰箱，以减小这种设计不合理给用户带来的不便。

通过对电冰箱的贮藏空间进行优化设计，不仅要使得电冰箱空间的布局符合用户的使用习惯和所贮藏食物的特性，还要使这种内部的结构与产品外观造型达到统一。在产品的外观方面，应该符合大众化的审美需求和当今产品造型风格的潮流和趋势。

8.6.3　设计草图与最终方案

在初步的草图中，主要针对电冰箱空间分布的问题进行初步的思考与探索，并对电冰箱的外观进行初步设计，如图 8-13 所示。

在草图深化阶段，重点分析初期大量草图中的可行性方案和创意概念，并结合设计定位进行深化分析，在这一阶段，由于最终的方案基本上已经显露出来，因此将有大量的、更细致的细节体现在草图中，并且还会进行色彩、材质方案的分析，如图 8-14 所示。

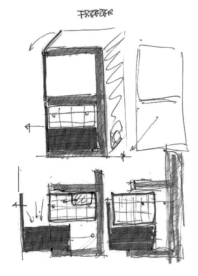
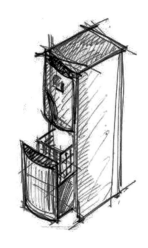

图 8-13　设计草图

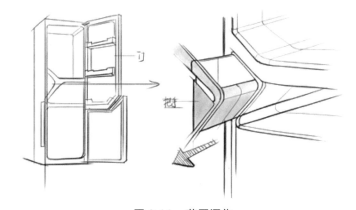

图 8-14　草图深化

8.6.4　电冰箱三维模型的建立

8.6.4.1　电冰箱造型表现的方法与要素

本实例要表现的电冰箱外观如图 8-15 所示。

8.6.4.2　建立电冰箱模型的主要流程

建立电冰箱模型的主要流程如图 8-16 所示。

此设计将电冰箱冷藏室简洁地分为 3 个大空间，分别用于贮藏不同类型的食品。上方的搁物架设计为可调节式，便于存放不同高度的物品，这样在保证物品整齐存放的同时可以有效地利用空间。左侧的三角形储物空间可专门用来存放啤酒、饮料等柱状物品，安全而节省空间。最下方的果菜盒具有消毒功能，保证电冰箱内部食品储藏安全。

图 8-15　本实例要表现的电冰箱外观

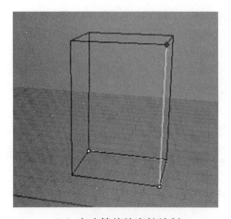

（a）电冰箱外轮廓的绘制

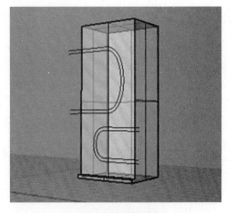

（b）外轮廓细节绘制

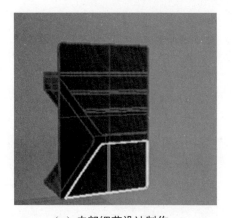

（c）内部细节设计制作

（d）建模效果

图 8-16　建立电冰箱模型的主要流程

在外观造型上，其采用了现代、清新的风格，简洁的整体造型搭配、亮丽的绿色曲线，为现代家居增添了几分色彩。

8.6.4.3　建模过程

电冰箱外轮廓制作，具体步骤如下。

（1）在 Top 视图中使用【立方体 ●】命令，如图 8-17 所示。在画立方体时要注意长、宽、高的相对比例。

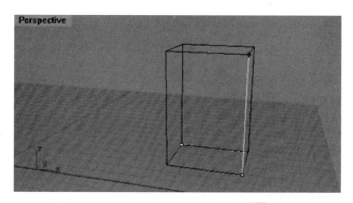

图 8-17　在 Top 视图中使用【立方体 ●】命令

（2）在 Right 视图中使用【多重直线 ∧】命令，画两条直线，如图 8-18 所示。

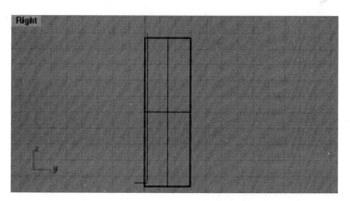

图 8-18　在 Right 视图中使用【多重直线 ∧】命令

（3）选择【曲线圆角 ⌐】工具，调节所要倒的圆角的度数（输入数值，回车确定），如图 8-19 所示。

选取要建立圆角的第一条曲线（半径(R)=1　组合(J)=否　修剪(T)=是　圆弧延伸方式(E)=圆弧):半径
圆角半径 ⟨1.00⟩: 0.2

图 8-19　调节所要倒的圆角的度数

（4）点击所要倒的两条直线。如图 8-20 所示。

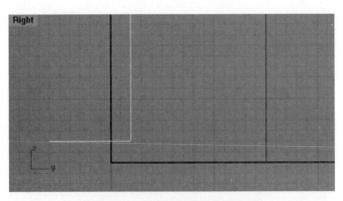

图 8-20　点击所要倒的两条直线

（5）使用【曲面 】工具中的【直线挤出 】工具，再使用【布尔运算分割 】长方体，如图 8-21 所示。

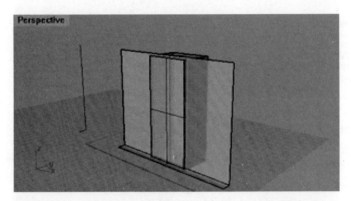

图 8-21　使用【直线挤出 】和【布尔运算分割 】命令

电冰箱细节制作，具体步骤如下。

（1）在 Front 先使用【多重直线 】工具，画两条直线。在使用【曲线工具】中的【混结曲线 】命令（注意打开【开启控制点 】，调节曲线的弧度），如图 8-22 所示。

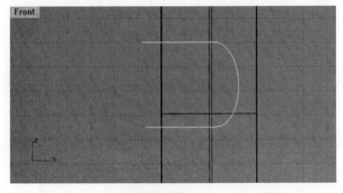

图 8-22　使用【多重直线 】和【混结曲线 】命令

（2）使用【曲线圆角】工具中【偏移曲线 】工具。选中所要偏移的曲线，注意调节所要偏移曲线的距离。如图 8-23 所示。

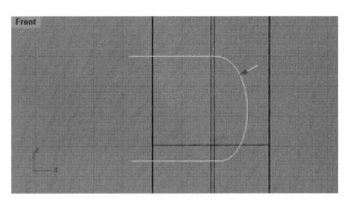

图 8-23　使用【曲线圆角】工具中【偏移曲线 】工具

（3）选中实体，使用【实体】工具里面的【布尔运算分割 】命令，如图 8-24 所示，再选择分割用的多重曲面（这里选择的是两个曲面），曲面分割成 3 个实体。

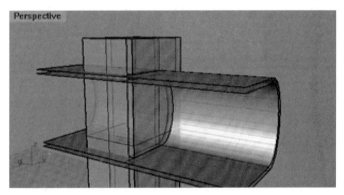

图 8-24　使用【实体】工具里面的【布尔运算分割 】命令

（4）结合以上所做，将电冰箱制作成如图 8-25 所示。

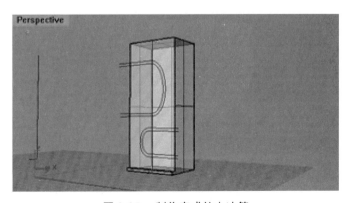

图 8-25　制作完成的电冰箱

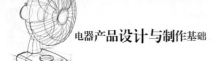

电冰箱内部细节制作，具体步骤如下。

（1）使用【不等距圆角 ⬛】命令，（注意倒的圆角的相对大小）。如图 8-26 所示。

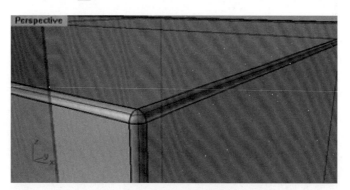

图 8-26　使用【不等距圆角 ⬛】命令

（2）在 Front 视图里面画，使用【矩形】工具里面的【圆角矩形 ▢】，并使用【实体】工具里面的【挤出封闭的平面曲线】，如图 8-27 所示。

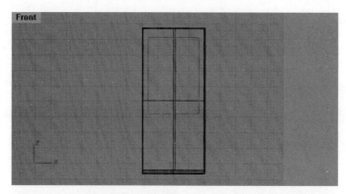

图 8-27　使用【圆角矩形 ▢】和【挤出封闭的平面曲线】

（3）选中被减物，使用【实体】工具里面的【布尔运算差集】命令，再选中实体，（注意只有两者都是实体，才能相减）。如图 8-28 所示。

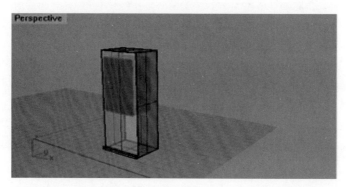

图 8-28　使用【实体】工具里面的【布尔运算差集】命令

（4）选择【从物件建立曲面】工具中的【复制边框】命令。选中要复制的交界线，如图 8-29 所示。

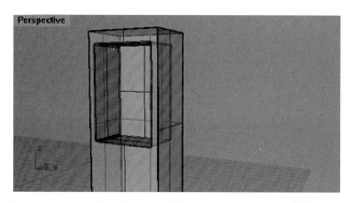

图 8-29 选择【从物件建立曲面】工具中的【复制边框█】命令

（5）在 Front 视图上，画出如图 8-30 所示。

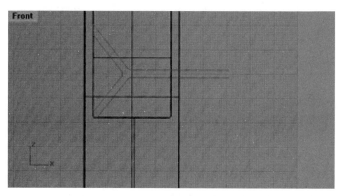

图 8-30 在 Front 视图上画出的图形

（6）选中复制的边框和画出的直线，使用【设置 XYZ 坐标█】命令，使其在同一个曲面上。如图 8-31 所示。

（7）选中复制的边框，使用【分割█】命令再选择切割线。使其线段相互分割。如图 8-32 所示。

（8）选择分割好的线段，使用【组合█】命令，使其成为一个封闭的曲线。如图 8-33 所示。

（9）选择封闭的曲线，使用【实体】工具里面的【挤出封闭平面曲线█】命令，（注意拉伸到挖空的实体相切）。如图 8-34 所示。

图 8-31 选中复制的边框
和画出的直线

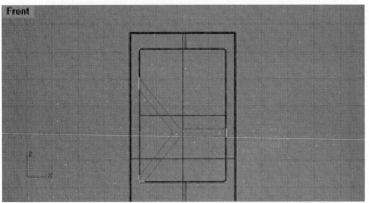

图 8-32　使用【分割　】命令再选择切割线

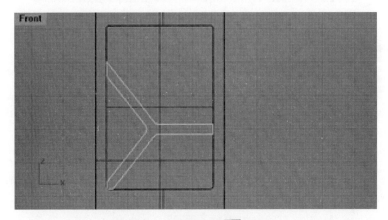

图 8-33　使用【组合　】命令

图 8-34　使用【实体】工具里面的【挤出封闭平面曲线　】命令

（10）同理在 Front 视图上，画线框，挤出成实体。如图 8-35 所示。

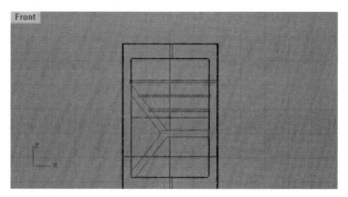

图 8-35　在 Front 视图上，画线框，挤出成实体

（11）首先复制（Ctrl+V）电冰箱的大形。选中电冰箱隔板，使用【布尔运算差集】命令，再选择复制的电冰箱大形。如图 8-36 所示。

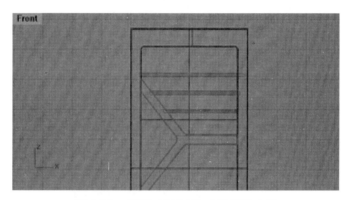

图 8-36　复制（Ctrl+V）电冰箱的大形

（12）选取先前复制的边框，拉伸成实体。立体效果如图 8-37 所示。

图 8-37　选取先前复制的边框，拉伸成实体

（13）选中拉伸成的实体，使用【实体】工具里面的【布尔用算分割🔲】命令，再

选择切割实体。如图 8-38 所示。

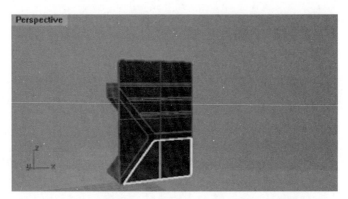

图 8-38　使用【实体】工具里面的【布尔用算分割 】命令

（14）结合上述，利用不同的工具，制作成电冰箱效果，如图 8-39 所示。

图 8-39　利用不同的工具，制作成电冰箱的效果图

最后进行渲染，完成效果如图 8-40 所示。

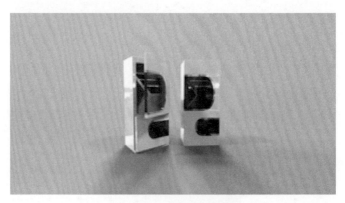

图 8-40　渲染后的效果图

产品细节效果如图 8-41 所示。

图 8-41　产品细节效果图

8.7　小结

本章节主要介绍了电冰箱的一些基础知识，从电冰箱的发展历史到分类；从电冰箱的材料到性能参数；从电冰箱优秀产品的设计分析到设计过程。

8.8　思考与练习题

1．家用电冰箱的主要技术参数有哪些？

2．家用电冰箱的检验有哪些内容？

3．家用电冰箱的噪声如何测试？

4．请分析用户在使用冰箱过程中所可能遇到的不便与问题，提出自己的改进方案，并以草图的形式将方案表现出来。

主要参考文献

[1] 张宪荣 . 张萱 . 设计色彩学 [M]. 北京：化学工业出版社 . 2003

[2] 何晓佑 . 产品设计程序与方法 [M]. 北京：中国轻工业出版社 . 2003

[3] 康瑛石 . 吴冬俊 . 侯冠华 . 电器产品设计 [M]. 北京：机械工业出版社 . 2012

[4] 黄永定 . 家用电器基础与维修技术 [M]. 北京：机械工业出版社 . 2010

[5] 辛长平 . 家用电器技术基础与检修实例 [M]. 北京：电子工业出版社 . 2007

[6] 荣俊昌 . 电热电动器具维修实训 [M]. 北京：高等教育出版社 . 2003

[7] 向骞 . 全自动洗衣机原理与维修 [M]. 福州。福建科学技术出版社 . 1999

[8] 何明山 . 空调器原理与维修 [M]. 北京 . 高等教育出版社 . 2000

[9]. 互动百科 ------ 网络 2010

[10] 百度文库 ------ 互联网 2010

[11] 杨丽平 . 电冰箱与空调器维修技术与实训 [M]. 北京：高等教育出版社 . 2003

[12] 王良才 . 张文信 . 黄阳 . 机械设计基础 [M]. 北京：北京大学出版社 . 2007

[13] 崔金辉 . 家用电器与维修技术 [M]. 北京：机械工业出版社 . 2002

[14] 刘宝顺 . 产品结构设计 [M]. 北京：中国建筑工业出版社 . 2005

[15] 陈慧。工业设计技术基础 [M]. 厦门：厦门大学出版社 . 2002

[16] 齐乐华 . 工程材料及成型工艺基础 [M]. 西安：西北工业大学出版社 . 2002

[17] 琬山 . 邢敏 . 机械设计手册 [M]. 沈阳：辽宁科学技术出版社。2002

[18] 张福昌 . 工业设计 [M]. 杭州：浙江摄影出版社 . 1999

[19] 李乐山 . 工业设计思想基础 [M]. 北京：中国建筑工业出版社 . 2001

[20] 康瑛石 . 江洪 . 李江华 . UGNX5 完全自学手册 [M]. 北京：机械工业出版社 . 2008

[21] 金国砥 . 制冷与制冷设备技术 [M]. 北京：电子工业出版社 . 2004